◉ 中国农业科学院科技创新工程资助项目

植物性饮食与营养标签

—— 燃烧我的卡路里 ——

黄泽颖　黄家章　著

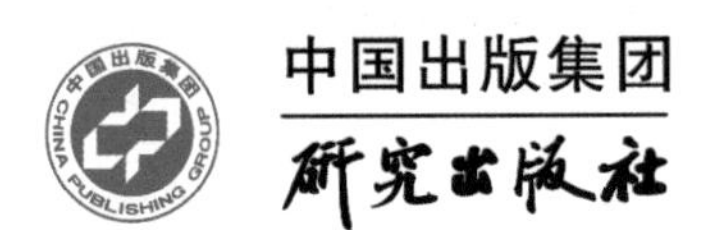

图书在版编目（CIP）数据

植物性饮食与营养标签 / 黄泽颖，黄家章著. -- 北京：研究出版社，2021.12

ISBN 978-7-5199-1100-3

Ⅰ. ①植… Ⅱ. ①黄… ②黄… Ⅲ. ①素菜–营养成分 Ⅳ. ① TS972.123

中国版本图书馆 CIP 数据核字 (2021) 第 223074 号

出 品 人：赵卜慧
图书策划：寇颖丹
责任编辑：寇颖丹

植物性饮食与营养标签
ZHIWU XING YINSHI YU YINGYANG BIAOQIAN

黄泽颖 黄家章 著

研究出版社 出版发行
（100011 北京市朝阳区安华里 504 号 A 座）

北京云浩印刷有限责任公司印刷 新华书店经销

2021 年 12 月第 1 版 2021 年 12 月北京第 1 次印刷
开本: 710 毫米 × 1000 毫米 1/16 印张: 12.25
字数: 182 千字

ISBN 978 – 7 – 5199 – 1100 – 3 定价：49.00 元

邮购地址 100011 北京市朝阳区安华里 504 号 A 座
电话（010）64217619 64217612（发行中心）

>> 黄泽颖

男，1987年出生于广东汕头，现就职于农业农村部食物与营养发展研究所，博士、副研究员。2015–2016年获国家留学基金委项目奖学金赴澳大利亚留学。主持国家自然科学基金青年项目、中国科学院粮食安全重点部署项目子课题、中央级公益性科研院所基本科研业务费专项等多个项目。在《Preventive Veterinary Medicine》《International Journal of Environmental Research and Public Health》《World’s Poultry Science Journal》《Journal of Integrative Agriculture》《Journal of Veterinary Research》等SCI期刊发表第一作者论文9篇，在《中国农业科学》《农业技术经济》等国内重要期刊发表第一作者论文86篇，撰写第一主编著作8部。担任国家自然科学基金评议专家、农业农村部市场与信息化司分析预警首席分析师、中国营养学会营养大数据与健康分会常务委员、国内外重要期刊外审专家。主要研究领域：食物营养标签。

黄家章 <<

男，1980年出生于山东蒙阴，农业农村部食物与营养发展研究所植物食物与营养政策研究中心主任、副研究员，管理学博士，硕士生导师，中国绿色食品协会绿色农业与食物营养专业委员会副主任，农业农村部农产品营养标准专家委员会副秘书长，农业农村部农产品市场分析预警团队油料首席分析师。主要研究领域：植物性食物与营养战略政策、营养导向型农业理论与政策、食物营养教育与健康传播等。先后主持或参与科技部基础条件平台项目、科技部软课题、农业农村部软课题、农业财政项目、中央级科研院所基本科研业务费、中国农科院科技创新工程项目、企业横向课题等科研项目20余项。获得中国商业联合会科技进步二等奖1项；发表中文核心论文20余篇；主编著作2部，副主编1部，参编（译）专著3部；研究报告多次获得省部级及以上领导批示。

序言
PREFACE

随着步入中年，身体也在走下坡路，身边原来健硕的同学、朋友不约而同地步入发福与“三高”阶段。每逢聚会，当了解到我来自食物与营养发展研究所的时候，他们都向我求取饮食养生的“真经”。说实话，这个问题不好回答，每个人的身体状况和饮食偏好都大相径庭，而饮食习惯的改变到养成，再到重塑是一个漫长的过程。本人因工作需要进入食物营养圈，至今已有4年多，学习了一些营养学知识，也掌握了思考的主动权，选择从营养标签作为突破口开展研究。我对营养标签研究有浓厚的兴趣，也笃定营养标签是打开营养健康研究的一把金钥匙，标签在未来将嵌入食物生产、加工、销售、选购、摄入、营养健康整个链条。营养标签与饮食模式息息相关，承载着营养教育工作者对饮食模式的立场与主张，正值植物性饮食在国内流行，本人决定从营养与健康角度入手，剖析植物性饮食的优势与不足，理性看待植物性饮食模式，设计营养标签引导方案，希望著作《植物性饮食与营养标签》能为尝试改善饮食的相关研究人员、健康教育人士提供一些启发，也能为寻求减肥与饮食健康的朋友带来帮助。

黄泽颖

2021年6月30日 于北京

目录
CONTENTS

第一章
引　言

第一节　研究背景

植物性饮食是以植物性食物[①]（也称植物源性食物）为基础的饮食，是在食物可选择性多的情况下主动寻求植物性食物的膳食模式。近几年，欧美国家一些政府首脑、科学家倡导植物性饮食。最早提倡的国家是芬兰，于20世纪80年代倡导全民植物性饮食，实施至今，心脏病发生率降幅超过50%，取得了良好的健康管理效果（马可·博尔赫斯，2017）。

营养标签是传递食物（品）营养特征信息的载体（Codex Alimentarius Commission，1993），也是改善居民膳食结构和健康的营养干预措施（World Health Organization，2004）。20世纪中叶至今，全球营养标签经历了从自愿标示到强制标示，从包装背面（Back of Package，BOP）标签到包装正面（Front of Package，FOP）标签，从标示在预包装食品转向生鲜农产品、菜品等发展历程。如今，营养相关疾病高发已成为全球的共同问题，营养标签越来越受到多国政府、社会非营利性组织、企业的重视（Kasapila & Shaarani，2016）。

近年来，我国居民物质和生活条件大为改善，营养不足现象得到很大缓解，但膳食结构不够合理，肉类等动物性食物摄入整体偏多，杂粮、蔬果等

① 植物性食物是指以植物的种子、果实或组织部分为原料，直接或加工以后为人类提供能量或物质来源的食品，主要有谷物、薯类、豆类、水果、蔬菜、坚果及其制品。

植物性食物摄入整体较少，营养相关问题依然突出。《中国居民膳食指南科学研究报告（2021）》指出，我国居民全谷物、深色蔬菜、水果、大豆摄入普遍不足，这成为慢性病发生的主要危险因素（中国营养学会，2021）。《中国居民营养与慢性病状况报告（2020年）》显示：2019年，我国成年居民超重肥胖超过50%，比2012年至少增加了8个百分点；我国因慢性病导致的死亡占总死亡人数的88.5%，比2012年增加了1.9个百分点，其中，心脑血管病、癌症、慢性呼吸系统疾病的死亡比例为80.7%，比2012年增加了1.3个百分点。可见，在特殊时期，鼓励植物性饮食对降低我国超重肥胖率与相关慢性病有重要帮助。

针对全球热议的植物性饮食，我国应关注该饮食方式的新变化与新理念，判断该膳食是否具有健康与推广价值[①]。本书从营养健康的视角，从我国常见植物性食物的营养素供应、我国居民的植物性饮食实践与认知对植物性饮食进行研判，梳理全球常见营养标签在植物性食物上的应用以及对植物性饮食的健康引导，研究适合我国居民开展健康植物性饮食的营养标签方案。

第二节　概念界定与问题的提出

植物性饮食的概念尚未明晰，学者们就是否可以包含动物性食物或者植物性加工食品展开讨论。Pohjolainen等（2015）认为植物性饮食是以植物性食物为主、动物性食物为辅的饮食方式。但学者Tuso等（2013）认为植物性饮食是严格的全天然植物性食物的饮食模式，不包括肉蛋奶等动物性食物与加工植物性食物。当前，加工食品已成为我国居民日常饮食的重要来源之一（张继国等，2018），选择不食用任何加工食品，仅摄入天然植物性食物的可行性不高。本书结合居民膳食情况，重新定义植物性饮食的概念，即摄取

① 植物性饮食还与自然资源、国家政策、产业利益紧密相连，是一项系统工程。

全天然、初加工、精加工的植物性食物，不包含任何动物性食物（肉、蛋、奶、蜂蜜等）的膳食模式，与纯素食所用的食材基本相同（海藻、菌菇类食物不属于植物性食物，但纯素食包括这些，下文提及的纯素食指的是除海藻、菌菇类外的植物性饮食）。围绕植物性饮食是否健康、营养标签如何对植物性饮食进行健康引导等问题，本书拟提出以下三个待解答的问题：

（一）食物如何组合搭配才是健康的植物性饮食？

植物性饮食不同于我国传统的膳食模式（荤素搭配，以植物性食物为主，动物性食物为辅）。植物性饮食是否健康众说纷纭，有些人说其能减少慢性病发生风险，有些人认为其会导致营养不良，诱发其他疾病。虽然植物性饮食局限于植物性食物，但植物性食物的种类多样，通过不同食物搭配（食物种类与数量）能形成各种各样的饮食方案，而每种饮食方案为人体提供的营养成分种类与含量又各不相同，营养健康程度也不同。那么，每类植物性食物有哪些宏量营养素与微量营养素，各有多少含量？能否满足我们人体日常所需？如何搭配才尽可能的营养健康？

（二）国外营养标签是怎样开展植物性饮食健康引导的？

植物性饮食兴起于欧美国家，一些国家的政府、非营利性社会组织、企业、消费者围绕植物性饮食开展了一系列的有益探索，包括饮食方案设计、动物性食物替代品开发。然而，对于传递食物营养信息、引导居民合理膳食的营养标签却很少被讨论。国外的营养标签体系比较健全，评价标准设计科学、类型多、适用范围广，对居民的日常膳食影响较大。因此，国外的营养标签是如何健康引导植物性饮食的？在谷薯豆、蔬果、坚果等植物性食物及纯素食食谱中有哪些应用？有哪些实践经验值得我国借鉴？

（三）我国营养标签该如何健康引导植物性饮食？

植物性饮食与纯素食的食材基本相同，根据我国《素食人群膳食指南（2016）》定义，纯素食是不食用任何肉类，也不食用动物分泌或产生的蛋、奶、蜂蜜的饮食模式（中国营养学会，2016b）。作为饮食干预措施，营养标签的作用与使用未被膳食指南提及。虽然我国居民能严格区分植物性食物与动物性食物，但对植物性食物的营养成分含量、构成以及作用并不完全了解。营养标签作为展示植物性食物营养状况以及居民自我健康管理的实用工具，目前能对植物性饮食起到哪些健康引导？如何完善使其更好地发挥健康引导作用呢？

第三节　研究目的与意义

一、研究目的

（一）探索适合我国多数居民的健康植物性饮食方案

虽然社会各界已提出一些植物性饮食方案，如美国的马可·博尔赫斯在《植物性饮食革命：22天改造身体、重塑习惯》一书中提到22天“植物性饮食”计划，以及2016年我国出台的《素食人群膳食指南（2016）》，多数为实践方法或经验分享。为了让植物性饮食者（不包括婴幼儿、孕妇、老人、“三高”患者等特殊人群）尽可能地摄入人体所需的大多数鼓励性营养成分，避免过多摄入限制性营养成分，本书利用《中国食物成分表》收录的动植物性食物营养数据，从宏量与微量营养素的供应视角研判植物性饮食营养供应的充足性与全面性，以及与动物性饮食相比的优势与不足，最后提出植物性饮食的合理搭配方案。

（二）提出普通人群植物性饮食健康引导的营养标签方案

营养标签是一种低成本的干预手段，有可能鼓励居民培养健康饮食习惯。营养标签已越来越多地出现在我们的生活中，已在生鲜食物、加工食品与烹饪的食物中逐步应用，这不仅影响我们的日常饮食，而且还在改善我们的健康状况。本书对国际上流行的4款BOP标签与15款FOP标签以及我国营养标签的特征进行了总结，提炼出利用这些营养标签对植物性饮食的健康引导作用，以及提出引导居民健康植物性饮食的营养标签方案。

二、研究意义

（一）为降低我国肥胖与慢性病发生率提供实践指导

随着我国农产品的充足供应与居民收入水平的大幅提高，国民营养健康问题已从温饱与营养不良问题转变为能量过剩与微量营养素摄入不足。而且，肥胖与饮食相关慢性病发生率的上升给国家带来了不小的社会经济损失。在植物性饮食存在争议的情况下，从营养健康的视角研究植物性饮食的优劣势，探讨适合我国的植物性饮食方案以及营养标签引导策略，对完善公共卫生干预措施，遏制肥胖与“三高”慢性病发生率的进一步增加具有实践指导意义。

（二）为完善我国营养标签体系提供参考依据

在信息时代与大健康时代，营养标签的作用越来越受到重视。不少发达国家正充分发挥营养标签的健康引导作用，其实施主体不仅多元化，而且标签类型多、适用范围广，已建立起比较完善的营养标签体系。相比之下，我国营养标签发展滞后，营养标签体系不健全，发挥的作用有限。因此，本书致力于探索健康引导植物性饮食的营养标签方案，一方面为植物性饮食者提供健康引导，另一方面为丰富我国营养标签类型、完善营养标签体系提供理论依据。

第四节 文献综述

一、植物性饮食的研究进展

植物性饮食对环境可持续发展、动物福利、人类健康有重要影响（Beverland，2014；Graca等，2015）。除植物性饮食能节约水土资源和排放较少温室气体外（David&Marcia，2003；Sabaté & Soret，2014），该饮食模式因膳食纤维、植物蛋白、植物甾醇含量高，饱和脂肪酸、胆固醇含量低

（Jenkins等，2003），被一些学者认定为健康的膳食模式。还有一些学者通过文献整理、随机对照试验、观察性试验等方法肯定了植物性饮食在降低脂肪密度（Spiller，2003）与血清总胆固醇（Ferdowsian & Barnard，2009；Ware，2014；Yokoyama等，2017）的作用，以及预防肥胖症（Newby，2009；Turner-McGrievy等，2015）与降低前列腺癌（Saxe等，2006）、冠心病（Rao & Al-Weshahy，2008）、代谢综合征（Turner-Mcgrievy & Harris，2014）、糖尿病（Trapp等，2010；Daniele等，2015）、慢性肾病（于小勇、徐新丽，2020）等慢性病发生风险，对此，学者们通过量化发现，植物性饮食可使冠心病、脑血管疾病、2型糖尿病等风险分别降低约40%、29%、50%（Kahleova等，2017）。

学者们通过比较发现，植物性饮食比半素食摄入更少的脂肪和饱和脂肪酸，预防肥胖的效果更佳（Turner-McGrievy等，2015），而且，采用全天然植物性饮食对减缓慢性病发生的作用更显著（Clinton等，2015；Wright等，2017）。

虽然植物性饮食能产生明显的预期效果，但多数学者担心植物性饮食者可能存在微量元素摄入不足等风险，尤其是缺乏铁（Sanders，1999；Hunt，2002；Piccoli等，2015）、锌（Hunt，2002；Bonnie，2014）、维生素B_{12}（Sanders，1999；Bonnie，2014；Piccoli等，2015）。

对此，一些学者提出在植物性饮食基础上进行营养补充。例如，学者Rosado等（2005）提出通过增加牛奶和酸奶摄入量增加锌的生物利用率（Rosado等，2005）。还有一些学者认为，在植物性饮食中，并非所有植物性食物都能发挥作用，而是要合理搭配。例如，Spiller（2003）提出植物性饮食需要适量摄入杏仁，而于小勇、徐新丽（2020）认为植物性饮食应富含水果、蔬菜、种子、坚果以及全谷物。

在引导居民开展植物性饮食方面，学者们调查了消费者采取植物性饮食的意愿，Lea等（2006）通过调查发现，处于植物性饮食预准备阶段、考虑或准备植物性饮食阶段、正采用植物性饮食阶段的受访者，对植物性饮食的益处和障碍的认知差异较大，影响了他们的行动意愿。此外，饮食习惯、健康观念和准备素食食品的挑战正弱化消费者的植物性饮食意愿（Pohjolainen等，

2015）。对此，学者们提倡开展植物性饮食教育（Vincent等，2015），以及将植物性饮食列入膳食指南（Kahleova等，2017）。

关于植物性饮食，外国学者的研究较多，而我国的研究偏少；学者们聚焦在植物性饮食对人类健康的作用与不足，但在居民实践与认知调查、引导措施以及克服植物性饮食不足等方面的研究偏少，可见，本书研究营养标签对植物性饮食的健康引导作用具有创新性。

二、营养标签对居民膳食影响的研究进展

营养标签是传递食物营养信息的重要途径，对消费者感知食品营养状况以及食品选购与摄入的影响比较直接，容易观察与获取（Cecchini & Warin，2016；Mhurchu等，2018），而改变膳食需要漫长的过程，数据获取也比较困难。正因如此，关于营养标签对居民膳食的影响研究相对稀缺。受食物偏好、食品购买习惯影响，营养标签对个人膳食的改变难度较大（Schroeter&Anders，2013），反而个人膳食会左右营养标签阅读。例如，Kreuter等（1997）对美国密苏里州的885名成年慢性病患者调查发现，坚持低脂、高纤维膳食的受访者倾向于查看营养标签。尽管如此，一些学者还是肯定了营养成分表与FOP标签引导居民改善膳食的潜力。例如，Guthrie等（1995）基于美国农业部1989年个人食物摄入量调查，以及饮食与健康知识调查两套数据发现，居民对营养成分表的使用似乎与维生素C含量高、胆固醇含量低的膳食模式相关。Thorndik等（2014）评估交通灯信号标签实施2年的效果发现，交通灯信号标签使多数受访居民养成了健康的饮食习惯。Julia等（2016）调查法国Nutri-score标签改善居民膳食的效果发现，Nutri-score标签能帮助受访者选择低能量、低糖、低饱和脂肪酸、低钠以及富含蔬果、纤维、蛋白质的膳食。Emrich等（2017）基于加拿大19岁及以上居民调查数据发现，交通灯信号标签有助于改善居民膳食，摄入较低的热量、总脂肪、饱和脂肪酸和钠。Buyuktuncer等（2018）通过24小时膳食回忆法评估年轻成年群体的饮食质量发现，经常使用营养标签的受访者普遍采用健康饮食模式。

从上述文献可见，营养成分表与FOP标签均能改善居民膳食，但营养标签改善居民膳食还需要大样本调查和长期跟踪调查进行证实。

引导消费者选择有益的植物性食物，满足日常营养需求，需要探索不同的营养教育与干预手段。营养标签具有引导居民改善饮食的作用，但引导居民开展健康的植物性饮食研究很少。因此，本书基于国内外营养标签对植物性饮食健康引导作用的剖析，探索适合我国居民健康植物性饮食的营养标签方案。

第五节　研究内容与技术路线

全书共有7个章节，主要的研究内容有如下6个方面：

第一，从营养供应视角评价植物性饮食是否健康。本书基于《中国食物成分表》（第6版第一、二册）收录的常见动植物性食物（生鲜食物与加工食品）营养数据，从宏量营养素与微量营养素及其含量展开对比，分析植物性饮食的优势与不足，并提出合理膳食方案与建议。

第二，国外营养标签对植物性饮食的健康引导。本书将营养标签分为BOP标签和FOP标签，分别阐述各自的代表性标签特征，如展示的营养信息、营养评价标准与适用范围，然后提出植物性饮食的健康引导作用。

第三，国外FOP标签在植物性食物与纯素食的应用。鉴于FOP标签比BOP标签种类丰富，且不同的植物性食物建立不同的营养评价标准，本书分别梳理了FOP标签在谷物及制品、薯豆类及制品、蔬菜及制品、水果及制品、坚果/种子的营养评价标准，以及在纯素食食谱中的应用。

第四，调查我国居民对植物性饮食的实践与认知。本书基于实地问卷调查，了解山东、河南、陕西、吉林、广东5省城乡居民是否采取植物性饮食、选择植物性饮食的原因、摄入最多的植物性食物、植物性饮食健康认知及其在不同个人属性特征的差异性，并提出若干思考。

第五，分析营养标签对我国普通人群（除婴幼儿、孕妇、老人、“三高”患者等特殊人群）植物性饮食的健康引导与局限性。本书首先分析我国营养成分表、营养声称、“健康选择”标识等现行营养标签对健康植物性饮食的作用，然后结合国内外营养标签体系，指出我国现行营养标签对植物性饮食健康引导的局限性。

第六，结论与政策建议。总结全书的研究结论，就植物性饮食的营养素供应、国外营养标签的成功经验、我国居民植物性饮食的实践与认知，结合我国现行营养标签对植物性饮食的健康引导与局限性，提出加强营养标签对植物性饮食健康引导的政策建议。

本书的技术路线图如图1-1所示。

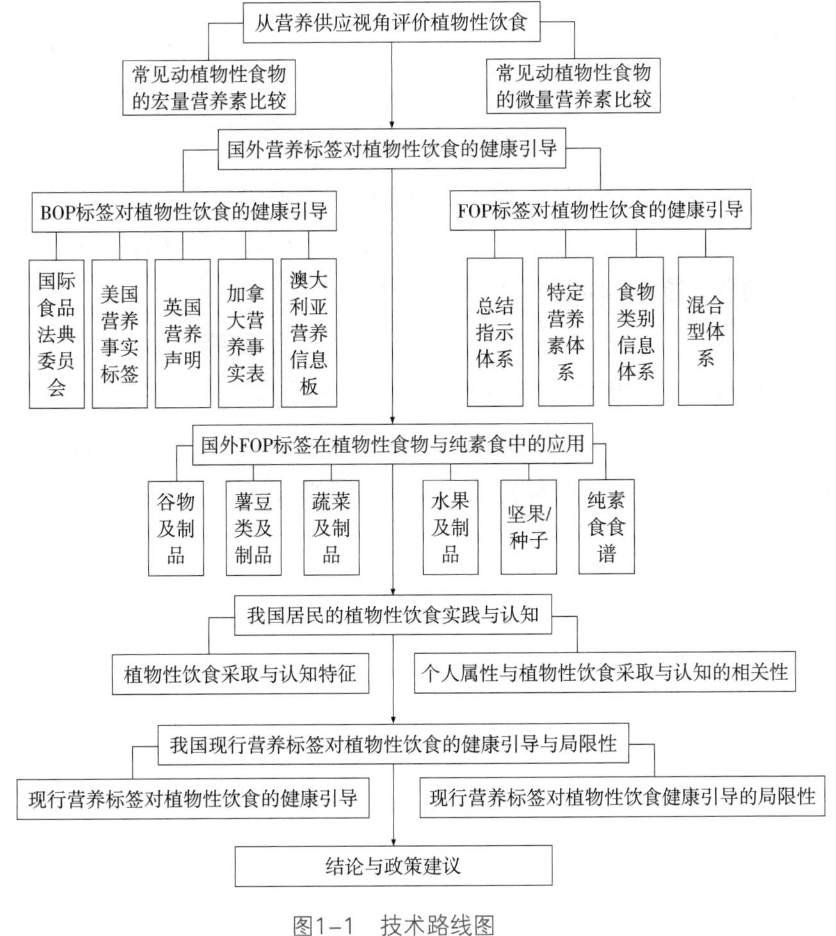

图1-1 技术路线图

第六节　可能的创新点与难点

本书将植物性饮食与营养标签相结合，首创提出营养标签对植物性饮食的健康引导方案，既有创新又有挑战。

（一）研究内容创新

虽然植物性饮食的研究成果逐渐增多，主要集中在人类健康的正向与负向影响方面，但在消费者实践与认知、引导措施等方面的研究较少。本书探讨国内外营养标签对植物性饮食的引导作用与不足，以及我国居民对植物性饮食的采取与认知，不仅能丰富植物性饮食研究成果，而且营养标签对植物性饮食的健康引导探索具有内容创新性。

（二）人类是否适合植物性饮食尚无定论

植物性饮食是当前饮食健康问题的产物与可能的解决方案，但是否健康尚未达成社会共识，还需要大量的研究证据。因此，开展营养标签对植物性饮食的健康引导可能面临立论不足的挑战。

（三）全球缺乏针对植物性饮食的健康标准与营养标签

虽然目前已有植物性饮食推荐方案与健康菜谱，但对于不同性别、年龄、身体状况、运动量的植物性饮食者，全球仍缺乏针对性的健康标准，也缺乏对应的食物营养评价标准或营养素推荐摄入标准，故目前没有相应的营养标签。本书介绍的国内外营养标签，是以普通居民（2岁以上健康居民或者健康成年人）的推荐摄入量为标准，可能不适用于植物性饮食者的营养需求。

第二章

基于营养供应视角评价植物性饮食

虽有一些研究已经证实了植物性饮食对人体健康的益处。但为了提供更多的研判依据，本章拟利用最新版《中国食物成分表》常见的数十种动植物性食物开展宏量营养素与13种微量营养素的含量比较，判断植物性饮食在供应人体所需营养素方面是否充足与全面，并提出植物性饮食的合理摄入建议。

第一节　食物营养数据来源

食物成分数据是重要的公共卫生数据。《中国食物成分表》是我国比较权威的食物成分数据。1952年，中国疾病预防控制中心营养与健康所开始编制《中国食物成分表》，至今已出版第6版。《中国食物成分表》（第6版第一册）是2018年出版的最新植物性原料和食品成分数据库，采用国家标准，共收集谷类及制品、薯类及制品、干豆类及制品、蔬菜类及制品、水果类及制品、坚果与种子类等1110余条食物的营养成分数据。《中国食物成分表》（第6版第二册）是我国2019年出版的最新动物性原料和食品成分数据库，采用国家标准检测，累计收集了畜肉类、禽肉类、乳类、蛋类、鱼虾蟹贝类及制品等3600条食物的营养成分数据。动植物性食物的营养成分数据丰富，包括能量、宏量营养素、11种维生素以及10种矿物质。为开展常见动植物性食物营养素比较，本书从《中国食物成分表》（第6版第一、二册）选择常见的植物性食物[①] 和动物性食物，具体如表2-1所示。

表2-1　常见动植物性食物的选取方法

种类	亚类	选取的常见食物
谷物及制品	细粮、精米白面	面条（生，代表值）、挂面（代表值）、米饭（蒸，代表值）、米粉
	粗杂粮	玉米（鲜）、小米粥、荞麦面
薯类及制品	生鲜薯类	马铃薯（土豆、洋芋）、甘薯（红心）（山芋、红薯）
	薯类制品	粉条
豆类及制品	大豆	黄豆（大豆）
	大豆制品	豆腐（代表值）、素鸡
	杂豆	绿豆（干）
蔬菜及制品	根菜类	白萝卜（鲜）
	鲜豆类	绿豆芽
	茄果、瓜果类	番茄（西红柿）
	茄果、瓜果类制品	番茄（整个，罐头）
	葱蒜类	韭菜
	嫩茎、叶、花菜类	大白菜（代表值）
	水生蔬菜类	藕（莲藕）
	薯芋类	山药（鲜）
	菌类	蘑菇（鲜菇）
	藻类	海带（鲜）

① 植物性食物包括食用植物油、茶、可可、咖啡等，因缺乏相关营养数据，故不展开研究。

续表

种类	亚类	选取的常见食物
水果及制品	仁果类	苹果（代表值）
	仁果类制品	苹果（罐头）
	核果类	桃（代表值）
	浆果类	葡萄（代表值）
	柑橘类	橙
	热带、亚热带水果	芭蕉（甘蕉、板蕉、牙蕉）
	瓜果类	西瓜（代表值）
坚果/种子	坚果	腰果（熟）
	种子	花生仁（炒）
畜肉	生鲜畜肉	猪肉（代表值，肥30 g）
	内脏	猪大肠
禽肉	生鲜禽肉	鸡（代表值）
	内脏	鸡肝（肉鸡）
乳制品	牛奶	纯牛奶（代表值，全脂）
蛋类	鸡蛋	鸡蛋（代表值）
水产品	鱼类	草鱼
	虾类	虾仁
	蟹类	蟹肉
	贝类	鲍鱼（杂色鲍）

由于本书选取的食物既有加工的食物（如腰果、花生仁、虾仁、蟹肉等），又有需要加工的食材（如马铃薯、白萝卜、鸡、鸡蛋、鲍鱼等），为

进行有效比较，本书选择每100 g可食部的能量、蛋白质、脂肪（包括饱和脂肪酸、不饱和脂肪酸）、碳水化合物、不溶性膳食纤维、胆固醇、微量营养素（总维生素A、胡萝卜素、视黄醇、硫胺素、核黄素、烟酸、维生素C、维生素E、钙、磷、钾、钠、镁、铁、锌）开展研究（见表2-2到表2-5）。

从表2-2与表2-3可知，挂面作为面制品，在能量、蛋白质、碳水化合物、膳食纤维、维生素、矿物质与面条（生）相差不大，但挂面的钠含量较高，是面条（生）的7倍。同样，米粉的钠含量明显高于米饭（蒸）。与面条（生）相比，荞麦面的营养更为丰富，在蛋白质、核黄素、烟酸、维生素E、钙、磷、钾、镁、铁、锌等方面的含量较高，钠含量反而较低，可见，杂粮面比普通面条更具营养价值。同样，番茄罐头、苹果罐头的钠含量高于番茄、苹果，这说明，植物性饮食者要尽量选择新鲜蔬果，减少蔬果制品（如果汁、果脯、干果、腌菜、酱菜等）的消费。大豆及豆制品方面，与豆腐、素鸡相比，黄豆的营养含量比较丰富，且钠含量较低。为确保营养均衡，建议植物性饮食者适当选择黄豆。坚果方面，腰果、花生仁虽然蛋白质、不饱和脂肪酸、硫胺素、核黄素、维生素E、钙、磷、钾、镁、锌的含量比较丰富，但热量、饱和脂肪酸、钠含量偏高，所以在日常生活中，坚果、花生要严格控制摄入量。

与植物性食物相比，动物性食物的热量、饱和脂肪酸、胆固醇偏高，但蛋白质含量丰富，其他微量元素差别不大（见表2-4和表2-5）。从整体上看，通过植物性饮食既可摄入必需微量元素，又可避免高热量、高饱和脂肪酸、高胆固醇摄入。

表2-2 受调查植物性食物每100 g可食部的能量与营养素

食物名称	食物编码	能量（kcal/100 g）	蛋白质（g/100 g）	脂肪（g/100 g）	饱和脂肪酸（g/100 g）	不饱和脂肪酸（g/100 g）	碳水化合物（g/100 g）	不溶性膳食纤维（g/100 g）	胆固醇（mg/100 g）	总维生素A（μg/100 g）	胡萝卜素（μg/100 g）	视黄醇（μg/100 g）
面条（生，代表值）	011305x	301	8.9	0.6	0.1	0.2	65.6	0.8	0	0	0	0
挂面（代表值）	011301x	353	11.4	0.9	0.4	0.4	75.1	0.9	0	1	0	0
米饭（蒸，代表值）	012401x	116	2.6	0.3	—	—	25.9	0.3	0	0	0	0
米粉	012410	349	0.4	0.8	0.3	0.4	85.8	0	0	0	0	0
玉米（鲜）	013101	112	4	1.2	—	—	22.8	2.9	0	0	0	0
小米粥	015102	46	1.4	0.7	—	—	8.4	0	0	0	0	0
荞麦面	019010	340	11.3	2.8	0.3	1.5	70.2	0	0	2	20	0
马铃薯（土豆、洋芋）	021101	81	2.6	0.2	0	0.2	17.8	1.1	0	1	6	0
甘薯（红心）（山芋、红薯）	021205	61	0.7	0.2	0	0.2	15.3	0	0	63	750	0
粉条	022203	338	0.5	0.1	0	0	84.2	0.6	0	0	0	0
黄豆（大豆）	031101	390	35	16	2.4	12.6	34.2	15.5	0	18	220	0

续表

食物名称	食物编码	能量（kcal/100 g）	蛋白质（g/100 g）	脂肪（g/100 g）	饱和脂肪酸（g/100 g）	不饱和脂肪酸（g/100 g）	碳水化合物（g/100 g）	不溶性膳食纤维（g/100 g）	胆固醇（mg/100 g）	总维生素A（μg/100 g）	胡萝卜素（μg/100 g）	视黄醇（μg/100 g）
豆腐（代表值）	031301x	84	6.6	5.3	2.0	2.9	3.4	0	0	0	0	0
素鸡	031522	194	16.5	12.5	1.8	10	4.2	0.9	0	2.5	5	60
绿豆（干）	032101	329	21.6	0.8	0.2	0.4	62	6.4	0	11	130	0
白萝卜（鲜）	041101	16	0.7	0.1	—	—	4	0	0	0	0	0
绿豆芽	042206	16	1.7	0.1	0	0	2.6	1.2	0	1	11	0
番茄（西红柿）	043119	15	0.9	0.2	—	—	3.3	0	0	31	375	0
番茄（整个，罐头）	043106	22	2	0.6	—	—	2.6	0.8	0	96	1149	0
韭菜	044404	25	2.4	0.4	—	—	4.5	0	0	133	1596	0
大白菜（代表值）	045101x	20	1.6	0.2	—	—	3.4	0.9	0	7	80	0
藕（莲藕）	046010	47	1.2	0.2	—	—	11.5	2.2	0	0	0	0
山药（鲜）	047104	57	1.9	0.2	—	—	12.4	0.8	0	3	20	0
蘑菇（鲜菇）	051011	24	2.7	0.1	0	0.1	4.1	2.1	0	1	10	0
海带（鲜）	052002	13	1.2	0.1	—	—	2.1	0.5	0	2.2	0	0

续表

食物名称	食物编码	能量（kcal/100 g）	蛋白质（g/100 g）	脂肪（g/100 g）	饱和脂肪酸（g/100 g）	不饱和脂肪酸（g/100 g）	碳水化合物（g/100 g）	不溶性膳食纤维（g/100 g）	胆固醇（mg/100 g）	总维生素A（μg/100 g）	胡萝卜素（μg/100 g）	视黄醇（μg/100 g）
苹果（代表值）	061101x	53	0.4	0.2	—	—	13.7	1.7	0	4	50	0
苹果（罐头）	061119	41	0.2	0.2	—	—	10.3	1.3	0	0	0	0
桃（代表值）	062101x	42	0.6	0.1	—	—	10.1	1	0	2	20	0
葡萄（代表值）	063101x	45	0.4	0.3	—	—	10.3	1	0	3	40	0
橙	064101	48	0.8	0.2	—	—	11.1	0.6	0	13	160	0
芭蕉（甘蕉、板蕉、牙蕉）	065001	115	1.2	0.1	—	—	28.9	3.1	0	0	0	0
西瓜（代表值）	066201x	31	0.5	0.3	—	—	6.8	0.2	0	14	173	0
腰果（熟）	071036	615	24	50.9	10.6	38	20.4	10.4	0	4	49	0
花生仁（炒）	072005	589	23.9	44.4	8.4	32.6	25.7	4.3	0	0	0	0

数据来源：《中国食物成分表》（第6版第一册）；维生素E的数值采用总值表示。每100 g不饱和脂肪酸含量由单不饱和脂肪酸含量和多不饱和脂肪酸含量加总。“—”表示《中国食物成分表》没有相应数据。

表2-3 受调查植物性食物每100 g可食部的能量与营养素

食物名称	食物编码	硫胺素（mg/100 g）	核黄素（mg/100 g）	烟酸（mg/100 g）	维生素C（mg/100 g）	维生素E（总）（mg/100 g）	钙（mg/100 g）	磷（mg/100 g）	钾（mg/100 g）	钠（mg/100 g）	镁（mg/100 g）	铁（mg/100 g）	锌（mg/100g）
面条（生，代表值）	011305x	0.22	0.07	1.8	0	0.47	12	139	123	21.4	42	4.3	1.09
挂面（代表值）	011301x	0.17	0.04	2.09	0	1.11	14	153	157	150	51	3.5	1.22
米饭（蒸，代表值）	012401x	0.02	0.03	1.9	0	0	7	62	30	2.5	15	1.3	0.92
米粉	012410	0.01	0.01	0	0	0	11	45	19	52.2	6	2.4	0.36
玉米（鲜）	013101	0.16	0.11	1.8	16	0.46	0	117	238	1.1	32	1.1	0.9
小米粥	015102	0.02	0.07	0.9	0	0.26	10	32	19	4.1	22	1	0.41
荞麦面	019010	0.26	0.1	3.47	0	5.31	71	243	304	0.9	151	7	1.94
马铃薯（土豆、洋芋）	021101	0.1	0.02	1.1	14	0.34	7	46	347	5.9	24	0.4	0.3
甘薯（红心）（山芋、红薯）	021205	0.05	0.01	0.2	4	0.28	18	26	88	70.9	17	0.2	0.16
粉条	022203	0.01	0	0.1	0	0	35	23	18	9.6	11	5.2	0.83
黄豆（大豆）	031101	0.41	0.2	2.1	0	18.9	191	465	1503	2.2	199	8.2	3.34
豆腐（代表值）	031301x	0.06	0.02	0.21	0	5.79	78	82	118	5.6	41	1.2	0.57
素鸡	031522	0	0.02	0.03	0	17.8	319	180	42	373.8	61	5.3	1.74
绿豆（干）	032101	0.25	0.11	2	0	10.95	81	337	787	3.2	125	6.5	2.18
白萝卜（鲜）	041101	0.02	0.01	0.14	19	0	47	16	167	54.3	12	0.2	0.14
绿豆芽	042206	0.02	0.02	0.35	4	0	14	19	32	25.8	18	0.3	0.2

续表

食物名称	食物编码	硫胺素（mg/100 g）	核黄素（mg/100 g）	烟酸（mg/100 g）	维生素C（mg/100 g）	维生素E（总）（mg/100 g）	钙（mg/100 g）	磷（mg/100 g）	钾（mg/100 g）	钠（mg/100 g）	镁（mg/100 g）	铁（mg/100 g）	锌（mg/100g）
番茄（西红柿）	043119	0.02	0.01	0.49	14	0.42	4	24	179	9.7	12	0.2	0.12
番茄（整个，罐头）	043106	0.03	0.02	0.8	5	1.66	31	22	197	246.9	12	0.4	0.24
韭菜	044404	0.04	0.05	0.86	2	0.57	44	45	241	5.8	24	0.7	0.25
大白菜（代表值）	045101x	0.05	0.04	0.65	37.5	0.36	57	33	134	68.9	12	0.8	0.46
藕（莲藕）	046010	0.04	0.01	0.12	19	0.32	18	45	293	34.3	14	0.3	0.24
山药（鲜）	047104	0.05	0.02	0.3	5	0.24	16	34	213	18.6	20	0.3	0.27
蘑菇（鲜菇）	051011	0.08	0.35	4	2	0.56	6	94	312	8.3	11	1.2	0.92
海带（鲜）	052002	0.02	0.15	1.3	0	1.85	46	22	246	8.6	25	0.9	0.16
苹果（代表值）	061101x	0.02	0.02	0.2	3	0.43	4	7	83	1.3	4	0.3	0.04
苹果（罐头）	061119	0	0	0	0	0	26	8	50	6.2	7	0.7	0.2
桃（代表值）	062101x	0.01	0.02	0.3	10	0.71	6	11	127	1.7	8	0.3	0.14
葡萄（代表值）	063101x	0.03	0.02	0.25	4	0.86	9	13	127	1.9	7	0.4	0.16
橙	064101	0.05	0.04	0.3	33	0.56	20	22	159	1.2	14	0.4	0.14
芭蕉（甘蕉、板蕉、牙蕉）	065001	0.02	0.02	0.6	0	0	6	18	330	1.3	29	0.3	0.16
西瓜（代表值）	066201x	0.02	0.04	0.3	5.7	0.11	7	12	97	3.3	14	0.4	0.09
腰果（熟）	071036	0.24	0.13	1.3	0	6.7	19	639	680	35.7	595	7.4	5.3
花生仁（炒）	072005	0.12	0.1	18.9	0	14.97	284	315	674	445.1	176	6.9	2.82

数据来源：《中国食物成分表》（第6版第一册）；维生素E的数值采用总值表示。

表2-4　受调查动物性食物每100 g可食部的能量与营养素

食物名称	食物编码	能量（kcal/100 g）	蛋白质（g/100 g）	脂肪（g/100 g）	饱和脂肪酸（g/100 g）	不饱和脂肪酸（g/100 g）	碳水化合物（g/100 g）	不溶性膳食纤维（g/100 g）	胆固醇（mg/100 g）	总维生素A（μg/100 g）	胡萝卜素（μg/100 g）	视黄醇（μg/100 g）
猪肉（代表值，肥30 g）	081101x	331	15.1	30.1	10.8	15.4	0	0	86	15	0	15
猪大肠	081113	196	6.9	18.7	7.7	9.2	0	0	137	7	0	7
鸡（代表值）	091101x	145	20.3	6.7	3.1	5.9	0.9	0	106	92	0	92
鸡肝（肉鸡）	091202	121	16.7	4.5	1.7	1.8	3.5	0	476	2867	0	2867
纯牛奶（代表值，全脂）	101101x	65	3.3	3.6	2.1	1.1	4.9	0	17	54	0	54
鸡蛋（代表值）	111101x	139	13.1	8.6	4.6	2.4	2.4	0	648	255	0	216
草鱼	121102	113	16.6	5.2	1.0	2.3	0	0	86	11	0	11
虾仁	122206	199	20.8	0.6	—	—	27.7	0	195	0	0	0
蟹肉	123005	62	11.6	1.2	0.3	0.5	1.1	0	65	0	0	0
鲍鱼（杂色鲍）	124101	84	12.6	0.8	0.3	0.2	6.6	0	242	24	0	24

数据来源：《中国食物成分表》（第6版第二册）；维生素E的数值采用总值表示。每100 g不饱和脂肪酸含量由单不饱和脂肪酸含量和多不饱和脂肪酸含量加总。

表2-5 受调查动物性食物每100 g可食部的能量与营养素

食物名称	食物编码	硫胺素（mg/100 g）	核黄素（mg/100 g）	烟酸（mg/100 g）	维生素C（mg/100 g）	维生素E（总）（mg/100 g）	钙（mg/100 g）	磷（mg/100 g）	钾（mg/100 g）	钠（mg/100 g）	镁（mg/100 g）	铁（mg/100 g）	锌（mg/100 g）
猪肉（代表值，肥30 g）	081101x	0.3	0.13	4.1	0	0.67	6	121	218	56.8	16	1.3	1.78
猪大肠	081113	0.06	0.11	1.9	0	0.5	10	56	44	116.3	8	10	0.98
鸡（代表值）	091101x	0.06	0.07	7.54	0	1.34	13	166	249	62.8	22	1.8	1.46
鸡肝（肉鸡）	091202	0.32	0.58	0	0	0.75	4	216	321	98.2	17	9.6	3.46
纯牛奶（代表值，全脂）	101101x	0.03	0.12	0.11	0	0.13	107	90	180	63.7	11	0.3	0.28
鸡蛋（代表值）	111101x	0.09	0.2	0.2	0	1.14	56	130	154	131.5	10	1.6	0.89
草鱼	121102	0.04	0.11	2.8	0	2.03	38	203	312	46	31	0.8	0.87
虾仁	122206	0	0	0	0	0	81	0	301	272.6	0	0.4	1.28
蟹肉	123005	0.03	0.09	4.3	0	2.91	231	159	214	270	41	1.8	2.15
鲍鱼（杂色鲍）	124101	0.01	0.16	0.2	0	2.2	266	77	136	2011.7	59	22.6	1.75

数据来源：《中国食物成分表》（第6版第二册）；维生素E的数值采用总值表示。

第二节 常见动植物性食物的宏量营养素比较

为更清晰地比较动植物性食物在能量、宏量营养素以及微量营养素方面的差异，本书对每100 g可食部的营养素含量从高到低进行排序，见表2–6到表2–26。

人类机体的生长发育和一切活动都需要能量，适当的能量摄入可保持良好的健康状况，但摄入过多可能会产生超重肥胖风险。如表2–6所示，植物性食物的热量并不比动物性食物低，如坚果/种子食物的热量最高，每100 g可食部的热量分别为615 kcal和589 kcal。猪肉是热量最高的动物性食物，但排在第8位，热量（331 kcal）仅是腰果（熟）的53.82%。但是，热量最低的10种食物均是水果和蔬菜，热量不足40 kcal/100 g。可见，要合理选择植物性食物，植物性饮食是超重肥胖人群或者2型糖尿病患者的健康饮食模式。

表2–6 受调查动植物性食物每100 g可食部的能量从高到低排序

食物名称	能量（kcal/100 g）
腰果（熟）	615
花生仁（炒）	589
黄豆（大豆）	390
挂面（代表值）	353
米粉	349
荞麦面	340
粉条	338
猪肉（代表值，肥30 g）	331
绿豆（干）	329
面条（生，代表值）	301
虾仁	199
猪大肠	196
素鸡	194
鸡（代表值）	145

续表

食物名称	能量（kcal/100 g）
鸡蛋（代表值）	139
鸡肝（肉鸡）	121
米饭（蒸，代表值）	116
芭蕉（甘蕉、板蕉、牙蕉）	115
草鱼	113
玉米（鲜）	112
豆腐（代表值）	84
鲍鱼（杂色鲍）	84
马铃薯（土豆、洋芋）	81
纯牛奶（代表值，全脂）	65
蟹肉	62
甘薯（红心）（山芋、红薯）	61
山药（鲜）	57
苹果（代表值）	53
橙	48
藕（莲藕）	47
小米粥	46
葡萄（代表值）	45
桃（代表值）	42
苹果（罐头）	41
西瓜（代表值）	31
韭菜	25
蘑菇（鲜菇）	24
番茄（整个，罐头）	22
大白菜（代表值）	20
白萝卜（鲜）	16
绿豆芽	16
番茄（西红柿）	15
海带（鲜）	13

数据来源：《中国食物成分表》（第6版第一、二册）

蛋白质是人体的主要构成物质并提供多种氨基酸，有利于组织的形成和生长。见表2-7，大豆及杂豆、坚果、种子等植物性食物的蛋白质含量比动物性食物高。除纯牛奶、猪大肠外，畜禽肉、蛋类、水产品的蛋白质含量均在10 g以上。比较而言，谷类、果蔬的蛋白质含量最低，不到1.5 g/100 g。可见，大豆、腰果（熟）、花生仁（炒）、绿豆（干）均是植物蛋白最丰富的食物，但植物蛋白的必需氨基酸不如动物蛋白的种类齐全、比例合理以及含量水平高（包括亮氨酸、赖氨酸和蛋氨酸）（Berrazaga等，2019）。动物蛋白是优质蛋白的优先选择，但单纯从植物性食物摄取蛋白质，植物性饮食并非最合理的饮食模式。

表2-7　受调查动植物性食物每100 g可食部的蛋白质从高到低排序

食物名称	蛋白质（g/100 g）
黄豆（大豆）	35
腰果（熟）	24
花生仁（炒）	23.9
绿豆（干）	21.6
虾仁	20.8
鸡（代表值）	20.3
鸡肝（肉鸡）	16.7
草鱼	16.6
素鸡	16.5
猪肉（代表值，肥30 g）	15.1
鸡蛋（代表值）	13.1
鲍鱼（杂色鲍）	12.6
蟹肉	11.6
挂面（代表值）	11.4
荞麦面	11.3
面条（生，代表值）	8.9
猪大肠	6.9
豆腐（代表值）	6.6

续表

食物名称	蛋白质（g/100 g）
玉米（鲜）	4
纯牛奶（代表值，全脂）	3.3
蘑菇（鲜菇）	2.7
米饭（蒸，代表值）	2.6
马铃薯（土豆、洋芋）	2.6
韭菜	2.4
番茄（整个，罐头）	2
山药（鲜）	1.9
绿豆芽	1.7
大白菜（代表值）	1.6
小米粥	1.4
芭蕉（甘蕉、板蕉、牙蕉）	1.2
藕（莲藕）	1.2
海带（鲜）	1.2
番茄（西红柿）	0.9
橙	0.8
甘薯（红心）（山芋、红薯）	0.7
白萝卜（鲜）	0.7
桃（代表值）	0.6
粉条	0.5
西瓜（代表值）	0.5
米粉	0.4
苹果（代表值）	0.4
葡萄（代表值）	0.4
苹果（罐头）	0.2

数据来源：《中国食物成分表》（第6版第一、二册）

脂肪提供人体必需脂肪酸，可辅助脂溶性维生素的吸收，但摄入过量会产生肥胖，并导致一些慢性病的发生。饱和脂肪酸和不饱和脂肪酸是脂肪的重要组成部分，其中，饱和脂肪酸可促进食品中胆固醇的吸收，但过多摄入会使胆固醇增高，危害人体健康，摄入量应少于每日总能量的10%，而不饱和脂肪酸不增加血液中的胆固醇，有益于人体代谢和健康。见表2-8，腰果（熟）、花生仁（炒）是脂肪含量最高的植物性食物，虽然饱和脂肪酸含量与猪肉相近，但不饱和脂肪酸含量比猪肉高2倍多。虽然绝大多数植物性的脂肪含量比动物性食物低，开展植物性饮食是低脂的健康饮食，但需要适当搭配坚果与种子，保证不饱和脂肪酸的充足摄入。

表2-8　受调查动植物性食物每100 g可食部的脂肪从高到低排序

食物名称	脂肪（g/100 g）	饱和脂肪酸（g/100 g）	不饱和脂肪酸（g/100 g）
腰果（熟）	50.9	10.6	38
花生仁（炒）	44.4	8.4	32.6
猪肉（代表值，肥30 g）	30.1	10.8	15.4
猪大肠	18.7	7.7	9.2
黄豆（大豆）	16	2.4	12.6
素鸡	12.5	1.8	10
鸡蛋（代表值）	8.6	4.6	2.4
鸡（代表值）	6.7	3.1	5.9
豆腐（代表值）	5.3	2	2.9
草鱼	5.2	1	2.3
鸡肝（肉鸡）	4.5	1.7	1.8
纯牛奶（代表值，全脂）	3.6	2.1	1.1
荞麦面	2.8	0.3	1.5
蟹肉	1.2	0.3	0.5
玉米（鲜）	1.2	—	—
挂面（代表值）	0.9	0.4	0.4
绿豆（干）	0.8	0.2	0.4
鲍鱼（杂色鲍）	0.8	0.3	0.2
米粉	0.8	0.3	0.4
小米粥	0.7	—	—

续表

食物名称	脂肪（g/100 g）	饱和脂肪酸（g/100 g）	不饱和脂肪酸（g/100 g）
虾仁	0.6	—	—
面条（生，代表值）	0.6	0.1	0.2
番茄（整个，罐头）	0.6	—	—
韭菜	0.4	—	—
米饭（蒸，代表值）	0.3	—	—
西瓜（代表值）	0.3	—	—
葡萄（代表值）	0.3	—	—
马铃薯（土豆、洋芋）	0.2	0	0.2
山药（鲜）	0.2	—	—
大白菜（代表值）	0.2	—	—
藕（莲藕）	0.2	—	—
番茄（西红柿）	0.2	—	—
橙	0.2	—	—
甘薯（红心）（山芋、红薯）	0.2	0	0.2
苹果（代表值）	0.2	—	—
苹果（罐头）	0.2	—	—
蘑菇（鲜菇）	0.1	0	0.1
绿豆芽	0.1	—	—
芭蕉（甘蕉、板蕉、牙蕉）	0.1	—	—
海带（鲜）	0.1	—	—
白萝卜（鲜）	0.1	—	—
桃（代表值）	0.1	—	—
粉条	0.1	—	—

数据来源：《中国食物成分表》（第6版第一、二册）

碳水化合物是人类能量和血糖生成的主要来源，膳食中碳水化合物应占能量的60%左右。糖和淀粉属于碳水化合物的一种。如表2–9所示，几乎所有植物性食物的碳水化合物含量均超过动物性食物，其中，米面及制品的碳水化合物含量最高，属于高碳水食物，如果摄入过多，多余葡萄糖会转变为脂肪储存起来，增加身体脂肪量，导致肥胖。而且，血液中血糖持续处于高水平，迫使胰腺产生大量胰岛素，长此以往将抑制胰腺生产胰岛素的能力，引发2型糖尿病。所以，健康的植物性饮食应避免高碳水食物的过多摄入，还要合理搭配一些低碳水植物性食物，比如韭菜、蘑菇、白萝卜、豆腐、大白菜、番茄、绿豆芽、海带等。

表2-9 受调查动植物性食物每100 g可食部的碳水化合物从高到低排序

食物名称	碳水化合物（g/100 g）
米粉	85.8
粉条	84.2
挂面（代表值）	75.1
荞麦面	70.2
面条（生，代表值）	65.6
绿豆（干）	62
黄豆（大豆）	34.2
芭蕉（甘蕉、板蕉、牙蕉）	28.9
虾仁	27.7
米饭（蒸，代表值）	25.9
花生仁（炒）	25.7
玉米（鲜）	22.8
腰果（熟）	20.4
马铃薯（土豆、洋芋）	17.8
甘薯（红心）（山芋、红薯）	15.3
苹果（代表值）	13.7
山药（鲜）	12.4
藕（莲藕）	11.5
橙	11.1
葡萄（代表值）	10.3
苹果（罐头）	10.3
桃（代表值）	10.1
小米粥	8.4

续表

食物名称	碳水化合物（g/100 g）
西瓜（代表值）	6.8
鲍鱼（杂色鲍）	6.6
纯牛奶（代表值，全脂）	4.9
韭菜	4.5
素鸡	4.2
蘑菇（鲜菇）	4.1
白萝卜（鲜）	4
鸡肝（肉鸡）	3.5
豆腐（代表值）	3.4
大白菜（代表值）	3.4
番茄（西红柿）	3.3
番茄（整个，罐头）	2.6
绿豆芽	2.6
鸡蛋（代表值）	2.4
海带（鲜）	2.1
蟹肉	1.1
鸡（代表值）	0.9
猪肉（代表值，肥30 g）	0
猪大肠	0
草鱼	0

数据来源：《中国食物成分表》（第6版第一、二册）

膳食纤维是指维持正常的肠道功能，但不能产生能量的多糖类及木植素。植物性食物是膳食纤维的唯一来源。膳食纤维分为水溶性膳食纤维（如果胶、苹果纤维和燕麦纤维等）和不溶性膳食纤维（如大豆纤维、半纤维素和大麦纤维等）。其中，豆类、坚果、花生、部分蔬果的不溶性膳食纤维含量较高，见表2-10。可见，日常的植物性饮食可保证膳食纤维的充足摄入。

表2-10　受调查动植物性食物每100 g可食部的不溶性膳食纤维从高到低排序

食物名称	不溶性膳食纤维（g/100 g）
黄豆（大豆）	15.5
腰果（熟）	10.4
绿豆（干）	6.4
花生仁（炒）	4.3
芭蕉（甘蕉、板蕉、牙蕉）	3.1
玉米（鲜）	2.9
藕（莲藕）	2.2
蘑菇（鲜菇）	2.1
苹果（代表值）	1.7
苹果（罐头）	1.3
绿豆芽	1.2
马铃薯（土豆、洋芋）	1.1
葡萄（代表值）	1
桃（代表值）	1
挂面（代表值）	0.9
素鸡	0.9
大白菜（代表值）	0.9
面条（生，代表值）	0.8
山药（鲜）	0.8
番茄（整个，罐头）	0.8
粉条	0.6
橙	0.6
海带（鲜）	0.5
米饭（蒸，代表值）	0.3
西瓜（代表值）	0.2
米粉	0
荞麦面	0
虾仁	0
甘薯（红心）（山芋、红薯）	0

续表

食物名称	不溶性膳食纤维（g/100 g）
小米粥	0
鲍鱼（杂色鲍）	0
纯牛奶（代表值，全脂）	0
韭菜	0
白萝卜（鲜）	0
鸡肝（肉鸡）	0
豆腐（代表值）	0
番茄（西红柿）	0
鸡蛋（代表值）	0
蟹肉	0
鸡（代表值）	0
猪肉（代表值，肥30 g）	0
猪大肠	0
草鱼	0

数据来源：《中国食物成分表》（第6版第一、二册）

胆固醇是动物组织细胞不可或缺的重要物质，它不仅参与形成细胞膜，而且是合成胆汁酸及激素的原料。胆固醇广泛存在于动物性食物，尤其是蛋类、内脏、水产品的含量较高，相比之下，植物性食物不含任何胆固醇，见表2-11。虽然植物性饮食可避免过多胆固醇摄入造成的血脂异常、高血压、冠心病、动脉粥样硬化等心脑血管疾病，但也会面临人体胆固醇含量过少导致激素紊乱，可见，植物性饮食并非最健康的饮食模式。

表2-11　受调查动植物性食物每100 g可食部的胆固醇从高到低排序

食物名称	胆固醇（mg/100 g）
鸡蛋（代表值）	648
鸡肝（肉鸡）	476
鲍鱼（杂色鲍）	242
虾仁	195

续表

食物名称	胆固醇（mg/100 g）
猪大肠	137
鸡（代表值）	106
猪肉（代表值，肥30 g）	86
草鱼	86
蟹肉	65
纯牛奶（代表值，全脂）	17
黄豆（大豆）	0
腰果（熟）	0
绿豆（干）	0
花生仁（炒）	0
芭蕉（甘蕉、板蕉、牙蕉）	0
玉米（鲜）	0
藕（莲藕）	0
蘑菇（鲜菇）	0
苹果（代表值）	0
苹果（罐头）	0
绿豆芽	0
马铃薯（土豆、洋芋）	0
葡萄（代表值）	0
桃（代表值）	0
挂面（代表值）	0
素鸡	0
大白菜（代表值）	0
面条（生，代表值）	0
山药（鲜）	0
番茄（整个，罐头）	0
粉条	0
橙	0
海带（鲜）	0

续表

食物名称	胆固醇（mg/100 g）
米饭（蒸，代表值）	0
西瓜（代表值）	0
米粉	0
荞麦面	0
甘薯（红心）（山芋、红薯）	0
小米粥	0
韭菜	0
白萝卜（鲜）	0
豆腐（代表值）	0
番茄（西红柿）	0

数据来源：《中国食物成分表》（第6版第一、二册）

第三节　常见动植物性食物的微量营养素比较

本书从每100 g可食部的6种维生素（胡萝卜素、硫胺素、核黄素、烟酸、维生素C、维生素E）与7种矿物质（钙、磷、钾、钠、镁、铁、锌）的含量开展动植物性食物比较。维生素A有助于维持暗视力以及皮肤和黏膜的健康。维生素A普遍存在于动植物性食物，鸡肝的维生素A含量最高（2867 μg/100 g），而韭菜是维生素A含量最高的植物性食物（133 μg/100 g），见表2–12。鉴于我国普通居民每日维生素A推荐摄入量800 μg，植物性饮食建议适度摄入维生素A含量较高的韭菜、甘薯、番茄、黄豆等食物。

表2–12　受调查动植物性食物每100 g可食部的总维生素A从高到低排序

食物名称	总维生素A（μg/100 g）
鸡肝（肉鸡）	2867
鸡蛋（代表值）	255
韭菜	133

续表

食物名称	总维生素A（μg/100 g）
番茄（整个，罐头）	96
鸡（代表值）	92
甘薯（红心）（山芋、红薯）	63
纯牛奶（代表值，全脂）	54
番茄（西红柿）	31
鲍鱼（杂色鲍）	24
黄豆（大豆）	18
猪肉（代表值，肥30 g）	15
西瓜（代表值）	14
橙	13
草鱼	11
绿豆（干）	11
猪大肠	7
大白菜（代表值）	7
腰果（熟）	4
苹果（代表值）	4
葡萄（代表值）	3
山药（鲜）	3
素鸡	2.5
海带（鲜）	2.2
桃（代表值）	2
荞麦面	2
蘑菇（鲜菇）	1
绿豆芽	1
马铃薯（土豆、洋芋）	1
挂面（代表值）	1
虾仁	0
蟹肉	0
花生仁（炒）	0

续表

食物名称	总维生素A（μg/100 g）
芭蕉（甘蕉、板蕉、牙蕉）	0
玉米（鲜）	0
藕（莲藕）	0
苹果（罐头）	0
面条（生，代表值）	0
粉条	0
米饭（蒸，代表值）	0
米粉	0
小米粥	0
白萝卜（鲜）	0
豆腐（代表值）	0

数据来源：《中国食物成分表》（第6版第一、二册）

胡萝卜素是维生素A的前体物质，在适当条件下，胡萝卜素可以转化为维生素A。胡萝卜素主要存在于植物性食物，胡萝卜的含量最高（17250 μg）。韭菜、番茄、甘薯、黄豆都是胡萝卜素含量较高的植物性食物，见表2-13。可见，植物性饮食是富含胡萝卜素的饮食模式。

表2-13　受调查动植物性食物每100 g可食部的胡萝卜素从高到低排序

食物名称	胡萝卜素（μg/100 g）
韭菜	1596
番茄（整个，罐头）	1149
甘薯（红心）（山芋、红薯）	750
番茄（西红柿）	375
黄豆（大豆）	220
西瓜（代表值）	173
橙	160
绿豆（干）	130
大白菜（代表值）	80
苹果（代表值）	50

续表

食物名称	胡萝卜素（μg/100 g）
腰果（熟）	49
葡萄（代表值）	40
山药（鲜）	20
桃（代表值）	20
荞麦面	20
绿豆芽	11
蘑菇（鲜菇）	10
马铃薯（土豆、洋芋）	6
素鸡	5
鸡肝（肉鸡）	0
鸡蛋（代表值）	0
鸡（代表值）	0
纯牛奶（代表值，全脂）	0
鲍鱼（杂色鲍）	0
猪肉（代表值，肥30 g）	0
草鱼	0
猪大肠	0
海带（鲜）	0
挂面（代表值）	0
虾仁	0
蟹肉	0
花生仁（炒）	0
芭蕉（甘蕉、板蕉、牙蕉）	0
玉米（鲜）	0
藕（莲藕）	0
苹果（罐头）	0
面条（生，代表值）	0
粉条	0
米饭（蒸，代表值）	0

续表

食物名称	胡萝卜素（μg/100 g）
米粉	0
小米粥	0
白萝卜（鲜）	0
豆腐（代表值）	0

数据来源：《中国食物成分表》（第6版第一、二册）

视黄醇是维生素A的化学名，是最早被发现的维生素，常见于动物性食物尤其是动物肝脏。由表2-14可见，鸡肝（肉鸡）的含量最高，虽然营养丰富，但一定要“限量食用”。尽管化学形式与生物活性不一，但人体需要的维生素A可从植物性食物或动物性食物获取。

表2-14 受调查动植物性食物每100 g可食部的视黄醇从高到低排序

食物名称	视黄醇（μg/100 g）
鸡肝（肉鸡）	2867
鸡蛋（代表值）	216
鸡（代表值）	92
素鸡	60
纯牛奶（代表值，全脂）	54
鲍鱼（杂色鲍）	24
猪肉（代表值，肥30 g）	15
草鱼	11
猪大肠	7
韭菜	0
番茄（整个，罐头）	0
甘薯（红心）（山芋、红薯）	0
番茄（西红柿）	0
黄豆（大豆）	0
西瓜（代表值）	0
橙	0

续表

食物名称	视黄醇（μg/100 g）
绿豆（干）	0
大白菜（代表值）	0
苹果（代表值）	0
腰果（熟）	0
葡萄（代表值）	0
山药（鲜）	0
桃（代表值）	0
荞麦面	0
绿豆芽	0
蘑菇（鲜菇）	0
马铃薯（土豆、洋芋）	0
海带（鲜）	0
挂面（代表值）	0
虾仁	0
蟹肉	0
花生仁（炒）	0
芭蕉（甘蕉、板蕉、牙蕉）	0
玉米（鲜）	0
藕（莲藕）	0
苹果（罐头）	0
面条（生，代表值）	0
粉条	0
米饭（蒸，代表值）	0
米粉	0
小米粥	0
白萝卜（鲜）	0
豆腐（代表值）	0

数据来源：《中国食物成分表》（第6版第一、二册）

硫胺素又称维生素B_1，具有调节体内糖代谢与美肤的作用。硫胺素普遍存在于动植物性食物，但从表2–15看出，黄豆（大豆）的硫胺素含量（0.41 mg / 100 g）比鸡肝（肉鸡）和猪肉（代表值，肥30 g）高。而且，谷类及谷类制品、杂豆、坚果、种子等植物性食物的硫胺素含量也比较丰富。因此，植物性饮食能确保硫胺素的足量摄入。

表2–15 受调查动植物性食物每100 g可食部的硫胺素从高到低排序

食物名称	硫胺素（mg/100 g）
黄豆（大豆）	0.41
鸡肝（肉鸡）	0.32
猪肉（代表值，肥30 g）	0.30
荞麦面	0.26
绿豆（干）	0.25
腰果（熟）	0.24
面条（生，代表值）	0.22
挂面（代表值）	0.17
玉米（鲜）	0.16
花生仁（炒）	0.12
马铃薯（土豆、洋芋）	0.10
鸡蛋（代表值）	0.09
蘑菇（鲜菇）	0.08
鸡（代表值）	0.06
猪大肠	0.06
豆腐（代表值）	0.06
甘薯（红心）（山芋、红薯）	0.05
橙	0.05
大白菜（代表值）	0.05
山药（鲜）	0.05
草鱼	0.04
韭菜	0.04
藕（莲藕）	0.04

续表

食物名称	硫胺素（mg/100 g）
纯牛奶（代表值，全脂）	0.03
番茄（整个，罐头）	0.03
葡萄（代表值）	0.03
蟹肉	0.03
番茄（西红柿）	0.02
西瓜（代表值）	0.02
苹果（代表值）	0.02
绿豆芽	0.02
海带（鲜）	0.02
芭蕉（甘蕉、板蕉、牙蕉）	0.02
米饭（蒸，代表值）	0.02
小米粥	0.02
白萝卜（鲜）	0.02
鲍鱼（杂色鲍）	0.01
桃（代表值）	0.01
粉条	0.01
米粉	0.01
素鸡	0
虾仁	0
苹果（罐头）	0

数据来源：《中国食物成分表》（第6版第一、二册）

核黄素又称维生素B_2，具有促进发育和细胞再生，帮助消除口腔炎症，减轻眼睛疲劳以及促进脂肪、蛋白质代谢等作用，见表2–16。鸡肝（肉鸡）的核黄素含量最高（0.58 mg/100 g），其次是蘑菇（鲜菇）、黄豆（大豆）。为保障核黄素的充足摄入，植物性饮食中应考虑摄入菌类、大豆等食物。

表2-16 受调查动植物性食物每100 g可食部的核黄素从高到低排序

食物名称	核黄素（mg/100 g）
鸡肝（肉鸡）	0.58
蘑菇（鲜菇）	0.35
黄豆（大豆）	0.20
鸡蛋（代表值）	0.20
鲍鱼（杂色鲍）	0.16
海带（鲜）	0.15
猪肉（代表值，肥30 g）	0.13
腰果（熟）	0.13
纯牛奶（代表值，全脂）	0.12
绿豆（干）	0.11
玉米（鲜）	0.11
猪大肠	0.11
草鱼	0.11
荞麦面	0.10
花生仁（炒）	0.10
蟹肉	0.09
面条（生，代表值）	0.07
鸡（代表值）	0.07
小米粥	0.07
韭菜	0.05
挂面（代表值）	0.04
橙	0.04
大白菜（代表值）	0.04
西瓜（代表值）	0.04
米饭（蒸，代表值）	0.03
马铃薯（土豆、洋芋）	0.02
豆腐（代表值）	0.02
山药（鲜）	0.02
番茄（整个，罐头）	0.02

续表

食物名称	核黄素（mg/100 g）
葡萄（代表值）	0.02
苹果（代表值）	0.02
绿豆芽	0.02
芭蕉（甘蕉、板蕉、牙蕉）	0.02
桃（代表值）	0.02
素鸡	0.02
甘薯（红心）（山芋、红薯）	0.01
藕（莲藕）	0.01
番茄（西红柿）	0.01
白萝卜（鲜）	0.01
米粉	0.01
粉条	0
虾仁	0
苹果（罐头）	0

数据来源：《中国食物成分表》（第6版第一、二册）

烟酸又称维生素B_3，是能量代谢中不可或缺的成分，有利于维持皮肤、黏膜以及神经系统健康。烟酸在动物性食物尤其是肉类和水产品中的含量较多（见表2-17），而植物性食物除了花生之外，蘑菇（鲜菇）、荞麦面中的烟酸含量也较高。需要强调的是，植物性食物所含烟酸大部分（50%~70%）为结合型，不易被人体吸收，纯粹的植物性饮食可能会引起烟酸缺乏症。

表2-17　受调查动植物性食物每100 g可食部的烟酸从高到低排序

食物名称	烟酸（mg/100 g）
花生仁（炒）	18.9
鸡（代表值）	7.54
蟹肉	4.3
猪肉（代表值，肥30 g）	4.1
蘑菇（鲜菇）	4
荞麦面	3.47

续表

食物名称	烟酸（mg/100 g）
草鱼	2.8
黄豆（大豆）	2.1
挂面（代表值）	2.09
绿豆（干）	2
猪大肠	1.9
米饭（蒸，代表值）	1.9
玉米（鲜）	1.8
面条（生，代表值）	1.8
海带（鲜）	1.3
腰果（熟）	1.3
马铃薯（土豆、洋芋）	1.1
小米粥	0.9
韭菜	0.86
番茄（整个，罐头）	0.8
大白菜（代表值）	0.65
芭蕉（甘蕉、板蕉、牙蕉）	0.6
番茄（西红柿）	0.49
绿豆芽	0.35
橙	0.3
西瓜（代表值）	0.3
山药（鲜）	0.3
桃（代表值）	0.3
葡萄（代表值）	0.25
豆腐（代表值）	0.21
鸡蛋（代表值）	0.2
鲍鱼（杂色鲍）	0.2
苹果（代表值）	0.2
甘薯（红心）（山芋、红薯）	0.2
白萝卜（鲜）	0.14

续表

食物名称	烟酸（mg/100 g）
藕（莲藕）	0.12
纯牛奶（代表值，全脂）	0.11
粉条	0.1
素鸡	0.03
鸡肝（肉鸡）	0
米粉	0
虾仁	0
苹果（罐头）	0

数据来源：《中国食物成分表》（第6版第一、二册）

维生素C不仅有助于维持骨骼、牙龈、皮肤、黏膜的健康，而且能促进铁的吸收与抗氧化作用。维生素C主要存在于植物性食物，见表2-18。蔬菜与水果是富含维生素C的食物，其中，大白菜（代表值）的含量最高（37.5 mg/100 g），其次是橙（33 mg/100 g）、白萝卜（鲜）（19 mg/100 g）、藕（莲藕）（19 mg/100 g）。可见，植物性饮食能确保维生素C的充分摄入。

表2-18　受调查动植物性食物每100 g可食部的维生素C从高到低排序

食物名称	维生素C（mg/100 g）
大白菜（代表值）	37.5
橙	33
白萝卜（鲜）	19
藕（莲藕）	19
玉米（鲜）	16
马铃薯（土豆、洋芋）	14
番茄（西红柿）	14
桃（代表值）	10
西瓜（代表值）	5.7
番茄（整个，罐头）	5
山药（鲜）	5

续表

食物名称	维生素C（mg/100 g）
绿豆芽	4
葡萄（代表值）	4
甘薯（红心）（山芋、红薯）	4
苹果（代表值）	3
蘑菇（鲜菇）	2
韭菜	2
花生仁（炒）	0
鸡（代表值）	0
蟹肉	0
猪肉（代表值，肥30 g）	0
荞麦面	0
草鱼	0
黄豆（大豆）	0
挂面（代表值）	0
绿豆（干）	0
猪大肠	0
米饭（蒸，代表值）	0
面条（生，代表值）	0
海带（鲜）	0
腰果（熟）	0
小米粥	0
芭蕉（甘蕉、板蕉、牙蕉）	0
豆腐（代表值）	0
鸡蛋（代表值）	0
鲍鱼（杂色鲍）	0
纯牛奶（代表值，全脂）	0
粉条	0
素鸡	0
鸡肝（肉鸡）	0

续表

食物名称	维生素C（mg/100 g）
米粉	0
虾仁	0
苹果（罐头）	0

数据来源：《中国食物成分表》（第6版第一、二册）

维生素E是一种脂溶性维生素，在食物中有多种存在形式，可提高人体的免疫力与抗氧化力。从表2-19可知，豆类及制品、坚果、花生、谷物制品等植物性食物的维生素E含量明显高于动物性食物，故选择植物性饮食的人群可适度增加黄豆、花生仁、绿豆、腰果、豆腐的摄入量。

表2-19　受调查动植物性食物每100 g可食部的维生素E从高到低排序

食物名称	维生素E（总）（mg/100 g）
黄豆（大豆）	18.9
素鸡	17.8
花生仁（炒）	14.97
绿豆（干）	10.95
腰果（熟）	6.7
豆腐（代表值）	5.79
荞麦面	5.31
蟹肉	2.91
鲍鱼（杂色鲍）	2.2
草鱼	2.03
海带（鲜）	1.85
番茄（整个，罐头）	1.66
鸡（代表值）	1.34
鸡蛋（代表值）	1.14
挂面（代表值）	1.11
葡萄（代表值）	0.86
鸡肝（肉鸡）	0.75

续表

食物名称	维生素E（总）（mg/100 g）
桃（代表值）	0.71
猪肉（代表值，肥30 g）	0.67
韭菜	0.57
橙	0.56
蘑菇（鲜菇）	0.56
猪大肠	0.5
面条（生，代表值）	0.47
玉米（鲜）	0.46
苹果（代表值）	0.43
番茄（西红柿）	0.42
大白菜（代表值）	0.36
马铃薯（土豆、洋芋）	0.34
藕（莲藕）	0.32
甘薯（红心）（山芋、红薯）	0.28
小米粥	0.26
山药（鲜）	0.24
纯牛奶（代表值，全脂）	0.13
西瓜（代表值）	0.11
白萝卜（鲜）	0
绿豆芽	0
米饭（蒸，代表值）	0
芭蕉（甘蕉、板蕉、牙蕉）	0
粉条	0
米粉	0
虾仁	0
苹果（罐头）	0

数据来源：《中国食物成分表》（第6版第一、二册）

钙有助于骨骼和牙齿发育以及维持规则的心律，缓解失眠症状，帮助体内铁的代谢，强化神经系统。从表2-20可见，钙不仅存在于动物性食物（如鲍鱼、蟹肉、牛奶、虾仁），而且素鸡、花生仁、黄豆、绿豆、豆腐等植物性食物的含量也很丰富。为保证人体摄入充分的膳食钙，植物性饮食者应适度摄入豆类及制品、坚果、花生。

表2-20　受调查动植物性食物每100 g可食部的钙含量从高到低排序

食物名称	钙（mg/100 g）
素鸡	319
花生仁（炒）	284
鲍鱼（杂色鲍）	266
蟹肉	231
黄豆（大豆）	191
纯牛奶（代表值，全脂）	107
绿豆（干）	81
虾仁	81
豆腐（代表值）	78
荞麦面	71
大白菜（代表值）	57
鸡蛋（代表值）	56
白萝卜（鲜）	47
海带（鲜）	46
韭菜	44
草鱼	38
粉条	35
番茄（整个，罐头）	31
苹果（罐头）	26
橙	20
腰果（熟）	19
藕（连藕）	18

续表

食物名称	钙（mg/100 g）
甘薯（红心）（山芋、红薯）	18
山药（鲜）	16
挂面（代表值）	14
绿豆芽	14
鸡（代表值）	13
面条（生，代表值）	12
米粉	11
猪大肠	10
小米粥	10
葡萄（代表值）	9
马铃薯（土豆、洋芋）	7
西瓜（代表值）	7
米饭（蒸，代表值）	7
桃（代表值）	6
猪肉（代表值，肥30 g）	6
蘑菇（鲜菇）	6
芭蕉（甘蕉、板蕉、牙蕉）	6
鸡肝（肉鸡）	4
苹果（代表值）	4
番茄（西红柿）	4
玉米（鲜）	0

数据来源：《中国食物成分表》（第6版第一、二册）

磷是维持骨骼和牙齿的必要物质，也是使心脏规律跳动、维持肾脏正常机能和传达神经刺激的重要物质。如果磷摄入不够，将会影响人体对烟酸的吸收，见表2-21。磷含量最高的5种食物是坚果、豆类、花生、谷物制品等植物性食物。可见，植物性饮食模式能保障人体摄入充足的膳食磷。

表2-21　受调查动植物性食物每100 g可食部的磷含量从高到低排序

食物名称	磷（mg/100 g）
腰果（熟）	639
黄豆（大豆）	465
绿豆（干）	337
花生仁（炒）	315
荞麦面	243
鸡肝（肉鸡）	216
草鱼	203
素鸡	180
鸡（代表值）	166
蟹肉	159
挂面（代表值）	153
面条（生，代表值）	139
鸡蛋（代表值）	130
猪肉（代表值，肥30 g）	121
玉米（鲜）	117
蘑菇（鲜菇）	94
纯牛奶（代表值，全脂）	90
豆腐（代表值）	82
鲍鱼（杂色鲍）	77
米饭（蒸，代表值）	62
猪大肠	56
马铃薯（土豆、洋芋）	46
韭菜	45
藕（莲藕）	45
米粉	45
山药（鲜）	34
大白菜（代表值）	33
小米粥	32
甘薯（红心）（山芋、红薯）	26

续表

食物名称	磷（mg/100 g）
番茄（西红柿）	24
粉条	23
海带（鲜）	22
番茄（整个，罐头）	22
橙	22
绿豆芽	19
芭蕉（甘蕉、板蕉、牙蕉）	18
白萝卜（鲜）	16
葡萄（代表值）	13
西瓜（代表值）	12
桃（代表值）	11
苹果（罐头）	8
苹果（代表值）	7
虾仁	0

数据来源：《中国食物成分表》（第6版第一、二册）

钾是人体肌肉组织和神经组织的重要成分之一，广泛存在于动植物性食物。由表2-22可见，钾含量最高的5种食物均是植物性食物，分别是黄豆、绿豆、腰果、花生、马铃薯。所以，植物性饮食可保证人体摄入充足的膳食钾。

表2-22 受调查动植物性食物每100 g可食部的钾含量从高到低排序

食物名称	钾（mg/100 g）
黄豆（大豆）	1503
绿豆（干）	787
腰果（熟）	680
花生仁（炒）	674
马铃薯（土豆、洋芋）	347
芭蕉（甘蕉、板蕉、牙蕉）	330

续表

食物名称	钾（mg/100 g）
鸡肝（肉鸡）	321
草鱼	312
蘑菇（鲜菇）	312
荞麦面	304
虾仁	301
藕（莲藕）	293
鸡（代表值）	249
海带（鲜）	246
韭菜	241
玉米（鲜）	238
猪肉（代表值，肥30 g）	218
蟹肉	214
山药（鲜）	213
番茄（整个，罐头）	197
纯牛奶（代表值，全脂）	180
番茄（西红柿）	179
白萝卜（鲜）	167
橙	159
挂面（代表值）	157
鸡蛋（代表值）	154
鲍鱼（杂色鲍）	136
大白菜（代表值）	134
葡萄（代表值）	127
桃（代表值）	127
面条（生，代表值）	123
豆腐（代表值）	118
西瓜（代表值）	97
甘薯（红心）（山芋、红薯）	88
苹果（代表值）	83

续表

食物名称	钾（mg/100 g）
苹果（罐头）	50
猪大肠	44
素鸡	42
绿豆芽	32
米饭（蒸，代表值）	30
米粉	19
小米粥	19
粉条	18

数据来源：《中国食物成分表》（第6版第一、二册）

钠能调节机体水分，维持酸碱平衡，但摄入过多钠不仅增加高血压风险，而且会导致钙流失，诱发骨质疏松以及改变细胞的渗透压，不利于皮肤保持水分和减少皱纹。从表2–23可见，动物性食物的钠含量整体比植物性食物高，但炒花生仁、素鸡、番茄罐头、挂面等加工食品的钠含量也偏高，因此，植物性饮食要尽量减少钠含量高的坚果、米面加工食品、蔬果加工食品的摄入。

表2–23 受调查动植物性食物每100 g可食部的钠含量从高到低排序

食物名称	钠（mg/100 g）
鲍鱼（杂色鲍）	2011.7
花生仁（炒）	445.1
素鸡	373.8
虾仁	272.6
蟹肉	270
番茄（整个，罐头）	246.9
挂面（代表值）	150
鸡蛋（代表值）	131.5
猪大肠	116.3
鸡肝（肉鸡）	98.2

续表

食物名称	钠（mg/100 g）
甘薯（红心）（山芋、红薯）	70.9
大白菜（代表值）	68.9
纯牛奶（代表值，全脂）	63.7
鸡（代表值）	62.8
猪肉（代表值，肥30 g）	56.8
白萝卜（鲜）	54.3
米粉	52.2
草鱼	46
腰果（熟）	35.7
藕（莲藕）	34.3
绿豆芽	25.8
面条（生，代表值）	21.4
山药（鲜）	18.6
番茄（西红柿）	9.7
粉条	9.6
海带（鲜）	8.6
蘑菇（鲜菇）	8.3
苹果（罐头）	6.2
马铃薯（土豆、洋芋）	5.9
韭菜	5.8
豆腐（代表值）	5.6
小米粥	4.1
西瓜（代表值）	3.3
绿豆（干）	3.2
米饭（蒸，代表值）	2.5
黄豆（大豆）	2.2
葡萄（代表值）	1.9
桃（代表值）	1.7
芭蕉（甘蕉、板蕉、牙蕉）	1.3

续表

食物名称	钠（mg/100 g）
苹果（代表值）	1.3
橙	1.2
玉米（鲜）	1.1
荞麦面	0.9

数据来源：《中国食物成分表》（第6版第一、二册）

镁是能量代谢、组织形成和骨骼发育的重要成分。见表2-24，富含镁的食物大多是植物性食物，如腰果（熟）、黄豆（大豆）、花生仁（炒）、荞麦面、绿豆（干），而果蔬的含量较低，因此，植物性饮食可适度增加坚果、豆类、花生与杂粮的摄入量。

表2-24 受调查动植物性食物每100 g可食部的镁含量从高到低排序

食物名称	镁（mg/100 g）
腰果（熟）	595
黄豆（大豆）	199
花生仁（炒）	176
荞麦面	151
绿豆（干）	125
素鸡	61
鲍鱼（杂色鲍）	59
挂面（代表值）	51
面条（生，代表值）	42
蟹肉	41
豆腐（代表值）	41
玉米（鲜）	32
草鱼	31
芭蕉（甘蕉、板蕉、牙蕉）	29
海带（鲜）	25
马铃薯（土豆、洋芋）	24

续表

食物名称	镁（mg/100 g）
韭菜	24
鸡（代表值）	22
小米粥	22
山药（鲜）	20
绿豆芽	18
鸡肝（肉鸡）	17
甘薯（红心）（山芋、红薯）	17
猪肉（代表值，肥30 g）	16
米饭（蒸，代表值）	15
藕（莲藕）	14
西瓜（代表值）	14
橙	14
番茄（整个，罐头）	12
大白菜（代表值）	12
白萝卜（鲜）	12
番茄（西红柿）	12
纯牛奶（代表值，全脂）	11
粉条	11
蘑菇（鲜菇）	11
鸡蛋（代表值）	10
猪大肠	8
桃（代表值）	8
苹果（罐头）	7
葡萄（代表值）	7
米粉	6
苹果（代表值）	4
虾仁	0

数据来源：《中国食物成分表》（第6版第一、二册）

铁是血红细胞形成的必需元素。从表2-25可知，铁含量比较丰富的食物主要是动物性食物，如鲍鱼、猪大肠、鸡肝等。在植物性食物中，黄豆（大豆）的铁含量最为丰富，其次是腰果（熟）、荞麦面、花生仁（炒）。为避免缺铁性贫血，植物性饮食者可适度摄入坚果、菌藻类等食物。

表2-25 受调查动植物性食物每100 g可食部的铁含量从高到低排序

食物名称	铁（mg/100 g）
鲍鱼（杂色鲍）	22.6
猪大肠	10
鸡肝（肉鸡）	9.6
黄豆（大豆）	8.2
腰果（熟）	7.4
荞麦面	7
花生仁（炒）	6.9
绿豆（干）	6.5
素鸡	5.3
粉条	5.2
面条（生，代表值）	4.3
挂面（代表值）	3.5
米粉	2.4
蟹肉	1.8
鸡（代表值）	1.8
鸡蛋（代表值）	1.6
猪肉（代表值，肥30 g）	1.3
米饭（蒸，代表值）	1.3
豆腐（代表值）	1.2
蘑菇（鲜菇）	1.2
玉米（鲜）	1.1
小米粥	1

续表

食物名称	铁（mg/100 g）
海带（鲜）	0.9
草鱼	0.8
大白菜（代表值）	0.8
韭菜	0.7
苹果（罐头）	0.7
马铃薯（土豆、洋芋）	0.4
西瓜（代表值）	0.4
橙	0.4
番茄（整个，罐头）	0.4
葡萄（代表值）	0.4
虾仁	0.4
芭蕉（甘蕉、板蕉、牙蕉）	0.3
山药（鲜）	0.3
绿豆芽	0.3
藕（莲藕）	0.3
纯牛奶（代表值，全脂）	0.3
桃（代表值）	0.3
苹果（代表值）	0.3
甘薯（红心）（山芋、红薯）	0.2
白萝卜（鲜）	0.2
番茄（西红柿）	0.2

数据来源：《中国食物成分表》（第6版第一、二册）

锌是儿童生长发育的必需元素，有助于改善食欲和皮肤健康。从表2-26可见，锌普遍存在于动植物性食物，但含量比较丰富的食物以植物性食物居多，排名前三的食物分别是腰果（熟）、黄豆、花生仁（炒）。所以，植物性饮食能确保人体摄入充足的膳食锌。

表2-26 受调查动植物性食物每100 g可食部的锌含量从高到低排序

食物名称	锌（mg/100 g）
腰果（熟）	5.3
鸡肝（肉鸡）	3.46
黄豆（大豆）	3.34
花生仁（炒）	2.82
绿豆（干）	2.18
蟹肉	2.15
荞麦面	1.94
猪肉（代表值，肥30 g）	1.78
鲍鱼（杂色鲍）	1.75
素鸡	1.74
鸡（代表值）	1.46
虾仁	1.28
挂面（代表值）	1.22
面条（生，代表值）	1.09
猪大肠	0.98
米饭（蒸，代表值）	0.92
蘑菇（鲜菇）	0.92
玉米（鲜）	0.9
鸡蛋（代表值）	0.89
草鱼	0.87
粉条	0.83
豆腐（代表值）	0.57
大白菜（代表值）	0.46
小米粥	0.41
米粉	0.36
马铃薯（土豆、洋芋）	0.3
纯牛奶（代表值，全脂）	0.28
山药（鲜）	0.27
韭菜	0.25

续表

食物名称	锌（mg/100 g）
番茄（整个，罐头）	0.24
藕（莲藕）	0.24
苹果（罐头）	0.2
绿豆芽	0.2
海带（鲜）	0.16
葡萄（代表值）	0.16
芭蕉（甘蕉、板蕉、牙蕉）	0.16
甘薯（红心）（山芋、红薯）	0.16
橙	0.14
桃（代表值）	0.14
白萝卜（鲜）	0.14
番茄（西红柿）	0.12
西瓜（代表值）	0.09
苹果（代表值）	0.04

数据来源：《中国食物成分表》（第6版第一、二册）

第四节　植物性饮食的合理摄入建议

从动植物性食物供应的营养来看，植物性食物能提供普通人群所需的多数营养素，且含量充足，但优质蛋白、胆固醇、烟酸等营养成分的供应缺乏，从营养供应全面性而言，植物性饮食并非健康饮食[①]。但从降低超重肥胖发生率以及高脂血症、高血压、动脉硬化、痛风等疾病风险来看，合理的植物性饮食既能减少饱和脂肪酸、胆固醇的摄入，又能预防便秘、提高机体

① 根据《食品安全国家标准食品营养强化剂使用标准（GB 14880−2012）》，植物性饮食者可通过食用营养强化剂的植物性食品增加烟酸摄入，如烟酸强化的豆浆、大米及其制品、小麦粉及其制品、杂粮及其制品、即食谷物、饼干。

免疫力、控制血糖，能部分解决我国当前的饮食健康问题。开展健康的植物性饮食要进行合理搭配，见表2–27，为避免摄入过多的热量、碳水化合物以及脂肪[①]、钠等限制性营养成分，应控制坚果/种子（尤其是含盐坚果）、精米白面及制品、蔬菜水果罐头/饮料的摄入量。为摄入充足的鼓励性营养成分，见表2–28，应适量摄入黄豆与杂豆、坚果/种子，满足人体所需的蛋白质、膳食纤维、维生素E、钙、磷、钾、镁，还要注重摄入蔬菜（如韭菜、甘薯、番茄、大白菜、白萝卜、藕）、水果（如橙）、杂粮（如荞麦面）、菌藻类（如蘑菇、海带），获取维生素A、硫胺素（维生素B_1）、核黄素（维生素B_2）、烟酸（维生素B_3）、维生素C等微量元素。

表2–27 基于限制性营养建议限量摄入的植物性食物

能量/营养素	营养素参考值（Nutrient Reference Value, NRV）	限量摄入的植物性食物（举例）
能量	2000 kcal	腰果、花生仁
碳水化合物	300 g	米粉、粉条、挂面
脂肪	≤60 g	腰果、花生仁
钠	2000 mg	花生仁、素鸡、番茄罐头

表2–28 基于营养需求推荐摄入的植物性食物

营养素	营养素参考值（Nutrient Reference Value, NRV）	推荐摄入的植物性食物（举例）
蛋白质	60 g	黄豆、腰果、花生仁、绿豆
膳食纤维	25 g	黄豆、腰果、绿豆、花生仁、芭蕉
维生素A	800 g –RE	韭菜、甘薯、番茄、黄豆
硫胺素（维生素B_1）	1.4 mg	黄豆、荞麦面、绿豆
核黄素（维生素B_2）	1.4 mg	蘑菇、黄豆、海带
烟酸（维生素B_3）	14 mg	花生、蘑菇、荞麦面
维生素C	100 mg	大白菜、橙、白萝卜、藕
维生素E	14 mg –TE	黄豆、花生仁、绿豆、腰果、豆腐

① 植物性饮食不一定是低脂肪，而是低饱和脂肪酸与高不饱和脂肪酸饮食（Coulston，1999）。

续表

营养素	营养素参考值（Nutrient Reference Value, NRV）	推荐摄入的植物性食物（举例）
钙	800 mg	素鸡、花生仁、黄豆
磷	700 mg	腰果、黄豆、绿豆、花生仁、荞麦面
钾	2000 mg	黄豆、绿豆、腰果、花生仁、马铃薯
镁	300 mg	腰果、黄豆、花生仁、荞麦面、绿豆

第五节　本章小结

本章节从我国植物性食物的营养供应视角评价居民植物性饮食模式。基于我国居民常吃的43种动植物性食物及其每100 g可食部的宏量营养素、6种维生素以及7种矿物质含量比较发现，与动物性食物相比，植物性食物不仅拥有较多的营养素，而且低热量、低脂肪、高膳食纤维、高胡萝卜素、高维生素C，但因缺乏胆固醇、优质蛋白以及被人体易于利用的烟酸，可能导致人体激素紊乱、摄取的氨基酸不够全面以及烟酸缺乏症。建议在植物性饮食中，多吃粗杂粮、新鲜蔬果与黄豆，少吃精米白面、蔬果罐头与饮料。虽然坚果、花生仁的蛋白质、不饱和脂肪酸、硫胺素、核黄素、维生素E、钙、磷、钾、镁、锌等含量比较丰富，但热量、饱和脂肪酸、钠含量偏高，在日常中应食不过量。整体上，植物性饮食能满足人体所需的大部分营养素，但要讲究合理搭配。本章研究的不足之处在于，开展营养素及含量的比较分析略显粗糙，且《中国食物成分表》收录的植物性食物种类有限[①]且缺乏反式脂肪酸、维生素D等营养素数据，对植物性饮食的优劣势分析产生一定影响。

① 例如，《中国食物成分表》收录的谷物及制品仅112种。但根据《中国居民膳食指南（2016）》显示，谷类是我国的主要粮食作物，品种繁多，据统计多达4万种以上，包括小麦、稻米、玉米、大麦、小米、青稞、高粱、薏米、燕麦、荞麦、莜麦等（中国营养学会，2016a）。

第三章

国外营养标签对植物性饮食的健康引导

上一章节基于动植物性食物的营养素供应研判了植物性饮食的优劣势。本章节拟先研究国际食品法典委员会以及美国、英国、加拿大、澳大利亚的包装背面标签（Back of Package，BOP）对植物性饮食的健康引导，然后基于营养素度量法模型分析不同FOP标签对植物性饮食的健康引导。

第一节　BOP 标签与健康引导

一、国际食品法典委员会的营养标签准则

国际食品法典委员会（Codex Alimentarius Commission，CAC）[①]是制定BOP标签国际参考标准的国际组织，其制定了目前现行的《营养标签食品法典准则》（Guidelines on Nutrition labeling CAC/GL2-1985，Rev.2017）[②]，规定了营养清单（Listing of Nutrients，LN）应强制显示能量与蛋白质、脂肪、

① 国际食品法典委员会是由联合国粮农组织（FAO）和世界卫生组织（WHO）共同建立，以保障消费者的健康和确保食品贸易公平为宗旨的一个制定国际食品标准的政府间组织。

② 1985年委员会第16届会议通过了《营养标签食品法典准则》（Guidelines on Nutrition labeling CAC/GL2-1985）。1993年委员会第20届会议修订了第3.4.4节中关于食品标签的营养参考值。

碳水化合物3种营养素每100 g/mL或每份的含量值，其他营养素可自愿选择标示。在采用营养声称时，应在营养清单中列出相应的营养素含量。

《营养标签食品法典准则》为各国制定营养标签通则提供了参考依据，目前全世界的BOP标签均显示了能量、蛋白质、脂肪、碳水化合物的含量值。国际食品法典委员会推荐使用营养素参考值[①]（Nutrient Reference Values，NRV），表3-1列出了蛋白质与若干维生素、矿物质的NRV，各国可结合本国居民状况设置相应的NRV，还可设置能量、碳水化合物、脂肪的NRV（尽管英国、美国等国没有采用NRV）。我国自1984年加入国际食品法典委员会以来，一直按照《营养标签食品法典准则》的规定与推荐的NRV制定营养标签相关标准。[②]

由于《营养标签食品法典准则》不对食品类型与适用范围进行严格规定，居民开展植物性饮食时，可关注预包装食品、生鲜农产品以及菜品的BOP标签，这样至少能了解植物性食物能量、蛋白质、脂肪及碳水化合物的含量及其NRV%。

表3-1　国际食品法典委员会对一些营养素的NRV规定

营养成分	NRV（100 g/mL）
蛋白质	50 g
维生素A	800 mg
维生素D	5 mg
维生素C	6 mg
硫胺素	1.4 mg
核黄素	1.6 mg
烟酸	18 mg
维生素B_6	2 mg

① 营养素的NRV相当于普通人群的营养素每日推荐摄入量；NRV%表示每单位营养素占每日推荐摄入量的比重。

② 推荐膳食营养素供给量（Recommended Dietary Allowance，RDA）与推荐摄入量（Recommended Nutrient Intake，RNI）相比，NRV可提出每种营养素的单一参考摄入量，大致满足正常人的营养需求，是不分人群，专门用于食品标签的营养素参考摄入量指标。

续表

营养成分	NRV（100 g/mL）
叶酸	200 mg
维生素B_{12}	1 mg
钙	800 mg
镁	300 mg
铁	14 mg
锌	15 mg
碘	150 mg

数据来源：Guidelines on Nutrition labeling CAC/GL2–1985（Rev. 2017）

二、美国新版营养事实标签

美国权威的BOP标签是美国政府主导的营养事实标签。早在1990年，美国发布了本国第一个要求强制实施的营养事实标签（Nutrition Facts Panel）法规——《营养标签与教育法》，并于1994年正式实施。营养事实标签仅适用于预包装食品，标示每份食品的能量值与营养成分含量及其每日推荐摄入量百分比[①]（%Daily Value，%DV）。2014—2018年，美国开展营养事实标签改革，与旧版相比，除了使包装食品份数（Serving Per Container）、食用分量（Serving Size）、卡路里（Calories）等字体的大小更加醒目之外，强制显示的营养成分有了较大变动，由强制标示能量与13种营养成分转变为能量与14种营养成分（见图3–1）。除了能量与碳水化合物，改革前后的营养事实标签显示的限制性营养成分与鼓励性营养成分略有不同（见表3–2），在限制性营养成分中加入了添加糖，[②]在鼓励性营养成分中删去了维生素A和维生素C，加入了维生素D和钾。[③]根据新版营养事实标签，居民在选购或摄入植物性

① 每日推荐摄入量百分比是一份食物中营养素对日常饮食的贡献。

② 摄入过多添加糖容易诱发肥胖与慢性病。

③ 维生素A和维生素C的营养素缺乏症已较少发生，故不再要求强制标示；富含维生素D和膳食钾的饮食可降低骨质疏松症和高血压风险，但美国人一直摄入不足，故新增标示钾和维生素D含量。

食品时，可查看饱和脂肪酸、反式脂肪酸、添加糖、钠的含量及其%DV，购买低脂、低糖、低钠的健康食品。同时，还可关注膳食纤维、蛋白质、维生素D、钾、钠、铁的含量及其%DV，选择鼓励性营养成分整体含量较高的食品。

Nutrition Facts
Serving Size 2/3 cup (55g)
Servings Per Container 8

Amount Per Serving	
Calories 230	Calories from Fat 70
	% Daily Value*
Total Fat 8g	**12%**
Saturated Fat 1g	**5%**
Trans Fat 0g	
Cholesterol 0mg	**0%**
Sodium 160mg	**7%**
Total Carbohydrate 37g	**12%**
Dietary Fiber 4g	**16%**
Sugars 12g	
Protein 3g	
Vitamin A	10%
Vitamin C	8%
Calcium	20%
Iron	45%

* Percent Daily Values are based on a 2,000 calorie diet. Your Daily Value may be higher or lower depending on your calorie needs.

	Calories:	2,000	2,500
Total Fat	Less than	65g	80g
Sat Fat	Less than	20g	25g
Cholesterol	Less than	300mg	300mg
Sodium	Less than	2,400mg	2,400mg
Total Carbohydrate		300g	375g
Dietary Fiber		25g	30g

Nutrition Facts
8 servings per container
Serving size 2/3 cup (55g)

Amount per serving
Calories 230

	% Daily Value*
Total Fat 8g	**10%**
Saturated Fat 1g	**5%**
Trans Fat 0g	
Cholesterol 0mg	**0%**
Sodium 160mg	**7%**
Total Carbohydrate 37g	**13%**
Dietary Fiber 4g	**14%**
Total Sugars 12g	
Includes 10g Added Sugars	**20%**
Protein 3g	
Vitamin D 2mcg	10%
Calcium 260mg	20%
Iron 8mg	45%
Potassium 240mg	6%

* The % Daily Value (DV) tells you how much a nutrient in a serving of food contributes to a daily diet. 2,000 calories a day is used for general nutrition advice.

图3-1 美国旧版（左边）和新版（右边）的营养事实标签

图片来源：U.S. Food & Drug Administration（2021）

表3-2 新旧版美国营养事实标签标示的限制性与鼓励性营养成分

营养成分	旧版营养事实标签	新版营养事实标签
限制性营养成分	脂肪、饱和脂肪酸、反式脂肪酸、胆固醇、糖、钠	脂肪、饱和脂肪酸、反式脂肪酸、胆固醇、总糖、添加糖、钠
鼓励性营养成分	膳食纤维、蛋白质、维生素A、维生素C、钙、铁	膳食纤维、蛋白质、维生素D、钾、钙、铁

三、英国的营养声明

英国的BOP标签主要为营养声明（Nutrition Declarations）（Food Standards Agency，2018）。英国食品标准局根据欧盟食品消费者信息法规（Food Informationto Consumers，FIC）（No 1169/2011），于2016年12月13日强制要求大多数预包装食品（纯净水、口香糖、食品添加剂、包装最大表面积小于25cm^{2}的食品等可豁免标示标签）强制实施营养声明，内容至少包括每100 g/mL的能量值（以kJ与kcal表示）、脂肪、饱和脂肪酸、碳水化合物、糖、蛋白质、盐的含量值（以g表示）（见图3-2）。标签的营养数值可由食品供应商自行提供，但应按照能量、脂肪、饱和脂肪酸、碳水化合物、糖、蛋白质、盐的顺序标示。

Typical Values	Per 100 g/mL
Energy	KJ/kcal
Fat of which saturates	g g
Carbohydrates of which sugars	g g
Protein	g
Salt	g

图3-2　英国营养声明要求最少标示的营养成分

图片来源：https://www.food.gov.uk/sites/default/files/media/document/nutritionlabellinginformationleaflet.pdf

见图3-3，除强制显示的营养成分外，英国食品标准局鼓励在碳水化合物下显示多元醇、淀粉的含量，在脂肪下显示不饱和脂肪酸含量，以及补充膳食纤维含量与每100 g/mL食品的维生素、矿物质的平均参考摄入量（Reference Intake，RI）百分比。

总体来看，英国的营养声明比较简洁，虽然强制显示“1+6”（能量与6种营养成分），可方便居民在比较同类植物性食品时，通过查看每100 g/mL的饱和脂肪酸、糖、盐、蛋白质含量，从中选择低脂、低糖、低盐以及高蛋白食品。然而，营养声明不要求这些营养成分必须显示RI%，不利于消费者一目了然地获取食品对人体营养需求的实际影响。

Typical Values	Per 100g/ml
Energy	kJ/kcal
Fat of which saturates monounsaturates polyunsaturates	g g g g
Carbohydrates of which sugars polyols starch	g g g g
Fibre	g
Protein	g
Salt	g
Vitamins and Minerals	Units specified in Annex XIII

图3–3　英国营养声明可增设的营养成分

图片来源：https://www.food.gov.uk/sites/default/files/media/document/nutritionlabellinginformationleaflet.pdf

四、加拿大营养事实表

营养事实表（Nutrition Facts Table）是加拿大的BOP标签，仅用于显示预包装食品的营养信息（Government of Canada，2019）。从2007年12月12

日起，加拿大卫生部要求预包装食品强制标示营养事实表，提供食用分量（serving size）、能量与13个核心营养成分（脂肪、饱和脂肪酸、反式脂肪酸、胆固醇、钠、碳水化合物、膳食纤维、糖、蛋白质、维生素A、维生素C、钙、铁）的含量值，以及脂肪、饱和脂肪酸、反式脂肪酸、钠、碳水化合物、纤维、维生素A、维生素C、钙、铁的每日推荐摄入量百分比（% Daily Value，%DV）（见表3-3）等信息（见图3-4），食品供应商还可选择标示硫胺素、核黄素、叶酸、维生素B_{12}、烟酸、维生素B_6、维生素D、维生素E、锌、镁、磷、钾、硒等营养成分信息。加拿大的大多数预包装食品必须有营养事实表，但咖啡、茶、醋、香料、新鲜蔬菜和水果、生鲜肉类、生鲜水产品、烘焙食品、沙拉等食品可豁免标示，而且餐馆的菜品不需要提供营养事实表。通过加拿大的营养事实表，选择植物性饮食的居民可了解植物性食品所含的营养成分是少量（%DV≤5%）还是大量（%DV≥15%），在比较同类食品过程中选购低脂、低糖、低钠的健康食品以及富含蛋白质、膳食纤维、维生素A、维生素C、钙、铁等植物性食品。

表3-3 营养事实表关于每个营养成分的DV规定

营养成分	DV
脂肪	65 g
饱和脂肪酸/反式脂肪酸	20 g
胆固醇	300 mg
钠	2400 mg
碳水化合物	300 g
纤维	25 g
维生素C	60 mg
钙	1100 mg
铁	14 mg

数据来源：https://www.canada.ca/en/health-canada/services/understanding-food-labels/percent-daily-value.html

Nutrition Facts	
Per 3/4 cup (175g)	
Amount	**% Daily Value**
Calories 160	
Fat 2.5 g	**4 %**
Saturated 1.5 g + Trans 0 g	**8 %**
Cholesterol 10 mg	
Sodium 75 mg	**3 %**
Carbohydrate 25 g	**8 %**
Fibre 0 g	**0 %**
Sugars 24 g	
Protein 8 g	
Vitamin A 2 %	Vitamin C 0 %
Calcium 20 %	Iron 0 %

图3–4　某一预包装食品的营养事实图

图片来源：https://www.canada.ca/en/health-canada/services/understanding-food-labels/nutrition-facts-tables.html

除了营养事实表，加拿大的预包装食品营养声称（nutrition claims）也能帮助植物性饮食者选择健康食物，一是通过营养成分声明（nutrient content claims），如零脂、零胆固醇、零糖、低脂、低胆固醇、低钠、含膳食纤维、含ω-3脂肪酸、富含膳食纤维、富含ω-3脂肪酸、最佳的矿物质/维生素来源（详情查看https://www.canada.ca/en/health-canada/services/understanding-food-labels/nutrient-content-claims-what-they-mean.html#fn1）；二是健康声明（health claims），如“低钠有助于降低高血压风险”“高钙有助于减少骨质疏松风险”“低饱和脂肪酸有助于减少心脏疾病”（详情查看https://www.canada.ca/en/health-canada/services/understanding-food-labels/health-claims-what-they-mean.html）。

五、澳大利亚营养信息板

营养信息板（Nutrition Information Panels，NIP）是澳大利亚的BOP标签

（Food Standards，2020）。澳大利亚政府要求所有预包装食品（药草、香料、包装纯净水、茶和咖啡等可豁免）强制标示营养信息板，展示食品分量（serving size）、每100 g/mL与每份（per serving）食品的能量值（以kcal和kJ表示）与蛋白质、脂肪、饱和脂肪酸、碳水化合物（来自淀粉和糖的碳水化合物）、糖（天然糖和添加糖）、钠6种营养成分含量（见图3–5）。如果有相应的营养成分声称（Nutrition content claims）（如含膳食纤维）或者健康声称（如ω–3脂肪酸有助于调节血脂），则要求在营养信息板上相应标示膳食纤维与ω–3脂肪酸含量。根据澳大利亚营养信息板，植物性饮食者依据每100 g/mL与每份（per serving）食品比较同类植物性食品的蛋白质、饱和脂肪酸、糖、钠含量，从而选择限制性营养成分含量较低以及鼓励性营养成分含量较高的食物。

NUTRITION INFORMATION

Servings per package:3

Serving Size: 150g

	Average Quality per serving	Average Quality per100 g
Energy	616 kJ	410 kJ
Protein	7.2 g	4.8 g
Fat total	4.8 g	3.2 g
–saturated	4.5 g	3.0 g
Carbohydrate	18.6 g	12.4 g
–sugars	18.6 g	12.4 g
Sodium	90 mg	80 mg

图3–5 某食品的营养信息板

图片来源：https://www.foodstandards.gov.au/consumer/labelling/Pages/interactive-labelling-poster.aspx

第二节　总结指示体系FOP标签与健康引导

整体上，FOP标签的营养素度量法模型共有总结指示体系、特定营养素体系、食物类别信息体系、混合型体系四类（Institute of Medicine，2010）。其中，总结指示体系是指不展示具体营养成分及其含量信息，采用一个符号、图标来概括食物（品）整体营养；特定营养素体系是指选择食品中含有的与健康意义相关的关键营养成分，并标示其含量及其每日推荐摄入量百分比；食物类别信息体系是指根据食品中所包含特定成分（较多是指鼓励性食物组）而授予特定的图标；混合型体系是指含有总结指示体系、特定营养素体系的图标。

见表3-9、表3-11、表3-13，在15种代表性FOP标签中，7种FOP标签、5种FOP标签、1种FOP标签、2种FOP标签分别采用总结指示体系、特定营养素体系、食物类别信息体系以及混合型体系。虽然这些FOP标签并非为植物性饮食而设计，但采用的营养素度量法对引导健康的植物性饮食有若干启发。有代表性的总结指示体系FOP标签共有锁孔（Keyhole）标签、较健康选择标志、心脏检查标志、选择标识、NuVal评分标签、Nutri-score标签、指引星标签7种。

一、瑞典Keyhole标签

Keyhole标签是世界上第一个由美国食品和药物管理局等多个国家当局支持的FOP标签。为帮助居民轻松挑选少脂、少糖、少盐、多膳食纤维、全谷物的食物，降低心血管疾病风险，瑞典于1989年发起Keyhole标签，至今已有32年，是世界上最早的FOP标签，并从2007年开始，Keyhole标签推广到丹麦、挪威、冰岛。Keyhole标签以瑞典居民膳食指南、营养健康知识为支撑，用锁孔图标概括食品营养，不展示具体的营养成分及其含量等信息。标签由白色图标、绿色圆圈或黑色圆圈、白色符号、白色边缘线构成。标签口号为

“轻松做出健康选择”（Healthy Choices Made Easy）。Keyhole标签可免费使用，且遵循自愿标示原则。根据《关于自愿标示Keyhole的规定》，Keyhole标签应用范围广，大米、意大利面、面包、燕麦饮料、燕麦、早餐麦片、豆奶、蔬菜、水果、浆果等植物性食物，无论是包装食品、散装食品，还是生鲜农产品、菜品，均适用Keyhole标签，标示的产品代表高膳食纤维、低脂、低糖、低添加糖、低盐其中的一种，一般认为，植物性食物越天然、无添加，则越容易标示Keyhole标签。为规范Keyhole标签正确使用，《预包装食品Keyhole 标签的设计手册》以丹麦语、瑞典语、挪威语等 14 种语言详细介绍标签的使用方法。

Keyhole标签的实施效果良好。截至2014年，至少有2500种包装产品（包括肉类、香肠等550种肉制品、蔬菜、豌豆、蚕豆和其他蔬菜等420种蔬菜包装产品以及240种面包产品）贴标，并在各大零售超市销售。1992年，Keyhole标签开始应用于菜品，到2009年，共有300家餐厅使用Keyhole标签。

二、新加坡较健康选择标志

为引导居民健康饮食，1998年新加坡卫生部健康促进局（Health Promotion Board，HPB）根据国内居民日常饮食习惯制定并实施较健康选择标志（Healthier Choice symbol，HCS）。根据不同食物（品），较健康选择标志设置脂肪、饱和脂肪酸、反式脂肪酸、钠、总糖的最高含量以及膳食纤维、全谷物比重的最低值（HPB，1998）。较健康选择标志适用于预包装食品、生鲜农产品以及菜品。植物性食物方面，谷物、豆类、水果、蔬菜、坚果均可标示标志，需要强调的是，对于散装新鲜蔬果，应在价格表显示营养信息列表和较健康选择标志，售卖蒸包的蒸笼上应显示较健康选择标志。

2016年，《较健康选择标志指南》进行了修改，不仅提高了营养评价标准，而且在标志正下方增加了全谷物、低血糖指数、低糖、不添加糖、高钙、低钠、无添加钠、低饱和脂肪酸、低胆固醇、不含反式脂肪酸、每天吃2+2份水果和蔬菜等30多种声称，规定了标示低糖、低钠、低饱和脂肪酸、低胆固醇的食物（品）比普通食品的含量低，但是每个产品不能同时标示两个及以上标志。同时，较健康选择标志走进校园，对学校的超市、自动零食售卖机、食堂的食物进行规定，要求只能供应标示较健康选择标志的方便面，超市仅能售卖含糖量不超过15 g的沙拉或三明治。

较健康选择标志的使用受到新加坡卫生部的严格管理，取得良好的实施效果。据统计，截至2016年，新加坡大约有2600种食品显示较健康选择标志，这些食品包括方便食品、调味酱、饮料和早餐麦片等。2008年综合调查发现，80%的受访消费者能认识并使用较健康选择标志。还有一项消费者调查发现，较健康选择标志是帮助消费者识别更健康产品与影响购买决策的手段。据调查，新加坡国内三分之一的食品广告显示较健康选择标志，向消费者传达了健康饮食信息（Huang等，2012）。在国际上，标示较健康选择标志的产品在国外得到认可，并与国外的标志搭配使用。

三、美国心脏检查标志

为了让消费者采用有益心脏的健康饮食模式，美国心脏协会[①]于1995年推行心脏检查（Heart-Check）标志，以“符合心脏健康食品的标准”（Meets Criteria For Heart-Healthy Food）为标签口号。心脏检查标志的营养评价标准以美国心脏协会的科学声明和建议为依据，对包括植物性食物在内的所有食品，要求符合3个条件：一是食物（品）的6种鼓励性营养成分（维生素A、维生素C、铁、钙、蛋白质、膳食纤维），其中至少有一种达到每日推荐摄入量的10%及以上；二是每份食物（品）的总脂肪<6.5 g，饱和脂肪酸≤1 g，饱和脂肪酸的热量比重≤15%，反式脂肪酸<0.5 g，不含有植物奶油、植物黄油等氢化油，胆固醇<20 mg；三是根据食品类别，每份食物（品）的钠含量≤480 mg。但对于全谷物食品、谷类零食、新鲜（生）水果和蔬菜、坚果、饮品等植物性食物，还列举了具体的营养评价标准。

① 美国心脏协会是国际非营利性组织，于1924年在纽约市成立，以倡导健康生活，远离心血管疾病和中风为使命，致力于心脏病和卒中的预防与治疗，提供相关继续教育、流行病学年度报告。

心脏检查标志可应用于预包装食品、生鲜农产品以及菜品，相关的认证产品在美国心脏协会官方网站（https://www.heartcheckmark.org）公布，并每月更新两次（American Heart Association，2020）。一般情况下，未获得认证的产品主要是因为不符合美国心脏协会的健康饮食和生活方式建议，如酒精饮料、糖果、蛋糕以及含植物奶油、植物黄油等氢化油食物。

心脏检查标志的申请与审核程序严格，食品供应商的产品申请心脏检查标志要向美国心脏协会缴纳审理费，由协会工作人员确认产品是否符合营养评价标准。如果产品符合明确的评价标准，食品供应商还要提交包装与促销活动使用标志的申请，获批后才能被使用，但供应商在后期还有义务确保产品符合要求，并定期进行认证更新。

心脏检查标志实施25年来，有近1000种食物（品）获得心脏检查标志认证。美国消费市场调查结果（Johnson等，2015）显示，在2887个受访者中，有50%以上居民认可心脏检查标志的作用，认为食用心脏检查标志产品有益心脏健康（85%），比其他产品更健康（76%）。而且，心脏检查标志的产品有助于降低消费者的心血管疾病风险。例如，Lichtenstein等（2014）通过对11296名美国男性开展心脏代谢危险因素调查发现，选择心脏检查标志食品的人群通常会摄入更多的纤维、全谷物、水果和蔬菜，且摄入较少的热量、钠和添加糖，没有较高风险的心脏代谢并发症。

四、荷兰选择标识

为帮助荷兰发展健康食品产业与引导消费者选择更健康的产品，选择国际基金会（Choices International Foundation）[①] 于2006年5月在荷兰启动了选择标识（Choices Logo）。该标识的营养评价标准参照 WHO关于预防非传染性疾病的建议以及21国的膳食指南制定，以饱和脂肪酸、反式脂肪酸、钠，添加

---

① 选择国际基金会是国家层面独立运作的全球性组织，实行理事会管理制，汇集了来自政府、学术界、产业界和非政府组织的代表，在东亚、非洲、欧洲均设有办事处，在非洲致力于解决营养不良和校园营养餐供应难题，在欧洲专注营养成分分析工作。

糖、膳食纤维的含量为评价对象。

根据产品的组成和用途，选择标识将常见的食物划分为基础产品组和非基础产品组。基础产品组分为主食、水果、蔬菜、坚果、食用油、菜品等，而非基础产品组分为酱汁、其他调味料、小吃、甜食、饮料。其中，基础产品组主要提供必需和有益的微量营养素。按照选择国际基金会的要求，基础产品组的食物至少要有两种微量营养素的含量达到最低要求（见表3-4）。每种食物类别有详细的食物目录，有对应的营养评价标准，详细设定了每100 g或100 cal食物中饱和脂肪酸、反式脂肪酸、钠，添加糖、膳食纤维的阈值。需要说明的是，选择标识不适用于酒精含量高于0.5%的产品、食品补充剂、医药物品、1岁及以下儿童食品。

表3-4 基础产品组的微量营养素最低含量要求

营养成分	每100 g含量
维生素A（视黄醇当量）	70 μg
维生素E	1.5 mg
维生素 D	0.5 μg
维生素 B_1	0.11 mg
维生素 B_2	0.11 mg
维生素 B_6	0.13 mg
维生素 B_{12}	0.24 μg
叶酸	40 μg
维生素 C	7.5 mg
钙	100 mg
铁	0.8 mg
膳食纤维	2.5 g

资料来源：Choices International Foundation（2014）

在荷兰，食品生产商与餐厅可自愿采用选择标识，如果通过认证，则需要向选择国际基金会缴纳年费。一般情况下，选择标识的认证步骤为：待评价的产品首先被分为基础产品组或非基础产品组，接着寻找具体分类，对应营养标准。对于预包装食品，可利用营养成分表数据比对，也可以在指定的实验室检验，但允许糖、能量、脂肪、纤维的数据偏差在15%以内，钠的偏差在20%以内。如果产品符合标准，则通过认证并可标示选择标识，表示健康食物，反之则为非健康食物。

营养评价标准并非一成不变，而是动态更新。为适应消费者习惯与食品科学新发展，国际科学委员会每4年修订选择标识的营养评价标准以及重新评估认证的产品，每次标准修订的目标都是进一步降低脂肪、糖和盐含量，促使食品公司不断改进产品，同时引导消费者逐步转变饮食习惯。营养评价标准的修订，需要收集国际科学委员会的专家、独立科学家、非政府组织和食品公司对当前标准的意见和建议，以及调查消费者对标识产品的认知和使用情况。一般情况下，新修订标准发布后，一般有为期一年的过渡期，企业可选择使用以前或当前的标准。在此期间，国际科学委员会可对标准进行调整，产品也可根据新标准重新制定。过渡期后，只有新的标准有效。到目前，营养标准已通过第三次修订，形成 2019年国际选择标准第4版（Choices International Foundation，2019）。

从2006年以来，选择标识在荷兰许多连锁超市和餐饮店推广，并产生了良好的效果。截至2017年，已有超过120家食品制造、零售和餐饮领域的企业选择采用选择标识（Anna等，2018）。而且，学者们调查发现，选择标识能产生积极影响：1）选择标识能刺激企业重新调整产品配方，将更多的健康食品推向市场（Roodenburg 等，2011；Anna等，2018），且受调查的10类产品中，钠和反式脂肪酸含量显著降低，4～6类食品的热量、饱和脂肪酸显著降低但膳食纤维增加（Daphne等，2020）；2）贴有选择标识的食品比非标示营养标签的食品更为健康（Smed等，2019）；3）选择标识受消费者的认可和好评，例如，选择标识有利于提高消费者的健康意识（Anna等，2018），引导消费者做出更健康的食物选择，使标示选择标识的食品销量显著增长（Smed等，2019），尤其是吸引老年人和肥胖人群关注选择标识（Vyth等，2009）。

五、美国NuVal评分标签

NuVal 评分标签由NuVal有限责任公司（NuVal LLC）于2010年推行实施。NuVal评分标签由一个白色的正六边形与一个蓝色的正六边形连接而成，评分被印在右上方，从1～100对食物进行评分，得分为1的食物最不健康，得分为100的食物最健康，得分越高，食物越健康。NuVal评分标签右上角有®，表示受国家法律保护的注册商标。NuVal评分标签的口号为“Nutrition made easy”（营养很容易）。而且，NuVal评分标签将评分与食品价格联系在一起，显示在货架上，方便消费者比较他们所支付的营养价值。

NuVal评分标签具有4个显著特点：一是简单，NuVal评分标签采用1～100其中一个数字表示食物的营养价值；二是包容，在多种食品上应用；三是方便，NuVal评分显示在商店的货架标签上，方便比较价格的同时比较营养价值；四是客观，NuVal评分标签由耶鲁大学、哈佛大学和西北大学等顶尖大学的营养和医学专家团队独立开发，由格里芬医院资助，没有零售商或制造商参与其中。

NuVal评分标签基于30多种营养成分的整体营养质量指数（Overall Nutritional Quality Index，ONQI）算法，从鼓励性营养成分、限制性营养成分、热量3个维度评价食物，其中，鼓励性营养成分包括膳食纤维、叶酸、维生素A、维生素C、维生素D、维生素E、维生素B_{12}、维生素B_6、钾、钙、锌、ω-3脂肪酸、镁、铁；限制性营养成分包括饱和脂肪酸、反式脂肪酸、钠、糖、胆固醇。鼓励性营养成分构成分子，限制性营养成分构成分母，每种营养成分的权重都基于对美国人健康的影响程度，即鼓励性营养成分分值越高或者限制性营养成分分值越低，NuVal评分越高。此外，算法还考虑了营养密度（每卡路里含有多少营养物质）、蛋白质质量、脂肪质量和血糖负荷。根据美国居民膳食指南的最新建议，2014年，NuVal评分标签调整了蛋白质、糖、纤维等的权重，从而改变对许多食物的评分，部分食物评分调整结果如表3-5所示。

表3–5 部分植物性食物的NuVal评分调整结果

食物	旧的NuVal评分	新的NuVal评分
燕麦片	93	55

资料来源：BistroMD（2019）

目前，NuVal评分标签在美国31个州的1600多家商店推行，但尚未覆盖全美国所有州和所有商店。学界和社会对NuVal评分标签的实施效果持认可态度：1）营养价值评价准确，如Findling等（2018）基于1247个成年美国人线上调查数据发现，单交通灯信号标签、多交通灯信号标签、正面事实标签、NuVal评分标签、指引星标签能提高消费者判断食品营养质量的能力，尤其是NuVal评分标签与多交通灯信号标签对产品的营养价值评价最为准确；2）NuVal评分正向促进产品销售额，学者们以购买NuVal评分标签商品的消费者为调查对象，采用自然实验评估发现，酸奶NuVal评分每增加1分，销售额就会增加0.49%（Finkelstein等，2018）；3）影响消费者购买意愿，如学者Melo等（2019）调查发现，NuVal 评分标签能影响消费者的购买行为，尤其是对特定的食品和消费者。然而，一些研究发现，NuVal评分标签不被认可，例如，NuVal评分标签对消费者的购买决定产生的影响较小（Lagoe，2010）。NuVal评分标签不因有机属性而提高分数，有机即食早餐麦片与传统即食早餐麦片的NuVal评分不存在差异（Woodbury& George，2014）。

六、法国Nutri–score标签

为预防居民超重肥胖，2017年法国国家公共卫生机构结合法国居民膳食指南开发并实施Nutri–score标签。Nutri–score标签是通过字母和颜色显示食品健康程度和营养均衡的FOP标签（Colruyt Group，2020）。Nutri–score标签共有A（最健康）到E（最不健康）5个健康等级，表示产品对平衡膳食从大到小的贡献。具体而言，Nutri–score标签对每100 g/mL食品的限制性营养成分和鼓励性营养成分进行评分，赋予A（–15分）到E（40分）评级。评分公式为：总分值＝累计限制性营养成分分值－累计鼓励性营养成分分值。见表

3-6，限制性营养成分主要是糖、饱和脂肪酸、钠，每个营养成分的分值范围都为0～10，简单加总累计0～40，40表示每100 g/mL食品的限制性营养成分含量最高，而0表示含量最低。见表3-7，鼓励性营养成分/食物组主要为蔬果、纤维、蛋白质3类（在2020年还列入了菜籽油、核桃油和橄榄油），每个营养成分的分值范围都为0～5，加总累计0～15，15表示每100 g/mL食品的鼓励性营养成分含量最高，而0表示含量最低。见表3-8，不同食品与饮品的评分对应不同评级，A级对应固体食品（-15～-1分）与纯净水、B级对应固体食品（0～2分）与饮品（≤1）、C级对应固体食品（3～10分）与饮品（2～5分）、D级对应固体食品（11～18分）与饮品（6～9分）、E级对应固体食品（19～40分）与饮品（10～40分）。而且，A～E评级采用颜色编码，A、B、C、D、E评级分别对应深绿色、浅绿色、黄色、橘红色、红色，其中绿色代表建议多吃，红色代表适度食用。针对具体食品，Nutri-score标签的评级字母在徽标上会放大凸显，方便消费者迅速辨别产品的营养价值，并在同类食品中做比较选择。

表3-6 Nutri-score标签的限制性营养成分及分值

分值	能量（kJ/100 g或100 mL）	糖（g/100 g或100 mL）	饱和脂肪酸（g/100 g或100 mL）	钠（mg/100 g或100 mL）
0	≤335	≤4.5	≤1	≤90
1	>335	>4.5	>1	>90
2	>670	>9	>2	>180
3	>1005	>13.5	>3	>270
4	>1340	>18	>4	>360
5	>1675	>22.5	>5	>450
6	>2010	>27	>6	>540
7	>2345	>31	>7	>630
8	>2680	>36	>8	>720
9	>3015	>40	>9	>810
10	>3350	>45	>10	>900

资料来源：Colruyt Group（2020）

表3-7 Nutri-score标签的鼓励性营养成分及分值

分值	水果与蔬菜（%）	纤维（g/100 g或mL）	蛋白质（g/100 g或mL）
0	≤40	≤0.9	≤1.6
1	>40	>0.9	>1.6
2	>60	>1.9	>3.2
3	—	>2.8	>4.8
4	—	>3.7	>6.4
5	>80	>4.7	>8.0

资料来源：Colruyt Group（2020）

表3-8 食物与饮品总分值对应的营养评级

固体食品（总分值）	饮品（总分值）	营养评级
-15～-1	纯净水	A（最健康）
0～2	≤1	B
3～10	2～5	C
11～18	6～9	D
19～40	10～40	E（最不健康）

数据来源：Colruyt Group（2020）

Nutri-score标签在法国广受欢迎。2018年4月至2019年5月，法国居民对Nutri-score标签的认识率稳步提高，达到81.5%，支持率达到90%（Sarda等，2020）。而且，法国人倾向于购买Nutri-score评级高的产品。法国尼尔森（Nielsen）公司调查数据显示，虽然Nutri-score评级高的产品在超市货架上仍占少数，但评级A或B的产品销量上涨，分别增加1%和0.8%；评级C和D的产品销量正在下降，分别降低1.1%和0.2%。

Nutri-score标签在比利时、西班牙、德国得到推广与消费者信任。根据食品产品数据库（Open Food Facts）的资料显示，法国共有177个品牌2926个产品标示Nutri-score标签，比利时有28个品牌736个产品标示Nutri-score标签，以及西班牙有16个品牌128个产品标示Nutri-score标签。

一些国际食品企业和知名食品连锁超市也选择在产品上标示Nutri-score标

签，例如，达能食品企业在比利时鲜乳制品采用Nutri-score标签；雀巢Garden Gourmet植物基产品、Nesquik巧克力味牛奶、Buitoni比萨、雀巢咖啡、Maggi烹饪产品和KitKat巧克力等5000多款产品使用Nutri-score标签。

七、美国指引星标签

指引星标签是一种应用于包装食品、生鲜农产品与菜品的总结指示体系FOP标签，利用专门的营养评价标准将食物营养价值以0～3颗星的分级图标显示在零售货架、食品包装袋与食谱，以“做出简单的营养选择”（Nutritious choices made simple）为口号，帮助消费者快速识别更有营养的食物（Guiding Stars Licensing Company，2021）。2006年，指引星标签由成立于美国缅因州的指引星认证企业正式实施，为超市、制造商、食品服务提供商、医院和健康计划以及其他组织提供健康食品认证。

指引星标签营养评价算法以美国居民膳食指南、最新营养科学共识以及美国最新营养政策为基础，通过白皮书向社会公开，且申请专利保护[①]。指引星标签遵循“数据来源确立→营养成分选取→得分计算→星级标示”系列程序对食物营养进行评级。①明确包装食品、生鲜农产品的营养数据来源，对于预包装食品，以营养事实标签和配料表信息为依据，首先，指引星认证企业将营养事实标签的营养成分分为限制性营养成分（用减号表示）和鼓励性营养成分（用加号表示）；对于肉类、水果、海鲜和蔬菜等生鲜农产品，主要依托美国农业部的国家营养数据库（SR-28）。②根据不同食物采用不同的营养成分选取标准。由于美国居民可食用的食物种类较多，指引星标签没有单独一种评价标准可以评价所有食物的营养价值，指引星标签设置了4种食物的评价对象，每种食物的评价对象不尽相同。③将营养成分分为鼓励性营养成分（如维生素、矿物质、膳食纤维、全谷物、ω-3脂肪酸）与限制性营养成分（如饱和脂肪酸、反式脂肪酸、添加钠、添加糖），然后分别转化

① 指引星标签的营养评价标准获得美国专利标准局和加拿大知识产权局的认可，分别在2011年7月5日和2012年10月2日申请了美国专利（专利号7974881）和加拿大（专利号2652379）。

为分值后相减，将总分值与0～3颗星进行对应，最终展示食物营养的星级评价，星级越多，食物的营养价值越高。具体而言，0颗星代表鼓励性营养成分低于限制性营养成分，分值越小，营养密度越低，但不代表毫无营养价值，而是提醒消费者应控制摄入量，注意饮食搭配；1颗星代表每100cal食物的鼓励性营养成分超过限制性营养成分，表明食物每100cal提供的营养价值良好；2颗星代表食物每100cal的营养密度较高；3颗星代表食物每100cal的营养密度最高。需要强调的是，指引星标签的营养评价标准不受产品价格、品牌与客户的影响，并非星级越多，食物的售价越高。

但是，有3种特殊情况不标示指引星标签：①热量低于5cal的食物（如瓶装水、咖啡、茶）；②需要遵循医生指导的药品，如维生素片、补充剂；③婴儿配方奶粉。一般认为，含有更多维生素、矿物质、膳食纤维、ω-3脂肪酸、全谷物和较少饱和脂肪酸、添加糖、添加钠、反式脂肪酸和人工色素的食物星级越多，例如，熟食及熟食类食品通常含有较高的添加钠或糖，以及部分酸奶的添加糖含量较高且含有人工色素，其星级较少甚至为0。

指引星认证企业对所有显示标签的产品建立统一的检索数据库（Food Finder Search Foods），致力于品牌管理和社会宣传。这个数据库将食物分为婴幼儿产品、百吉饼和面包、烘焙及烹饪用品、饮料、早餐麦片、调味品、蘸料和酱料、乳制品、甜点、糕点、小吃、调料、酱汁、水果、蔬菜、谷物、面食、肉类及替代品（如人造肉）、海鲜及海鲜替代品（如植物基虾仁食品）等19种共计10万个产品，每个产品均有星级评价，并有相应的产品图片与营养事实标签。

指引星标签有较好的推广应用效果。目前，显示指引星标签的产品已在美国Hannaford超市（主要为美国东南部和大西洋中部的10个州提供优质食品）、Foodlion超市（主要为美国缅因州、马萨诸塞州、新罕布什尔州、纽约州和佛蒙特州提供生鲜农产品）、Giant食品商店、Martin商店等1200多家商店以及加拿大Loblaw集团的900多家超市销售。随着零售电商的飞速发展，消费者可使用iPad、iPhone、iPod touch等IOS系统设备在线购买指引星标签食品。同时，指引星认证企业聘请了多位知名厨师设计1200多款显示指引星标签且方便烹饪的营养食谱在学校（如Hillside中学、Henry J. McLaughlin中学、新罕布什尔大学、北达科他州大学）、医院（如Concord医院）推广应用。指引星标签减少了消费者对不显示指引星评级产品的购买量（Cawley等，2015）与增加了更多营养食品的需求（Rahkovsky等，2013），例如，消费者倾向于购买添加糖少与膳食纤维多的即食麦片，而减少了高糖、低纤维即食麦片的购买（Sutherland等，2010）。在加拿大，消费者倾向于利用指引星标签购买营养价值高的食品（Hobin等，2017）。

八、对植物性饮食的健康引导

上述7种总结指示体系FOP标签还可细分为阈值、评分、评级三类，营养评价标准与具体算法各有不同，对健康植物性饮食的促进作用也有所不同（见表3-9）。

第一，总结指示体系FOP标签指导消费者摄取广泛的植物性食物（品）。上述的总结指示体系FOP标签适用范围较广，包括生鲜农产品、预包装食品以及菜品，几乎囊括了居民所有的食物来源。因此，推行总结指示体系FOP标签对全方位地指导居民开展健康的植物性饮食有重要作用。

第二，阈值总结指示体系FOP标签让消费者最容易了解植物性食物的整体营养。相比评分、评级的FOP标签，Keyhole标签、较健康选择标志、心脏检查标志、选择标识等阈值总结指示体系FOP标签更容易让消费者寻找营养健康的植物性食物（品），虽然这些标签采用的具体算法都为阈值法（需达到限制性营养成分最高含量与鼓励性营养成分最低含量），且纳入的限制性营养成分比较相同，但纳入测度的鼓励性营养成分方面，心脏检查标志与选择标识纳入了维生素、矿物质，尽可能让植物性饮食者摄足微量元素，降低隐形饥饿风险。所以，心脏检查标志与选择标识的营养评价标准值得借鉴。

第三，评分尤其是评级总结指示体系FOP标签方便消费者比较同类的植物性食物（品）。虽然阈值法FOP标签简单快捷，但弊端比较明显，未对植物性食物的营养价值进行分级，而评分与评级总结指示体系FOP标签也将限制性营养素和鼓励性营养成分列入营养评价标准，能让严格的植物性饮食者或者“三高”患者选择整体营养价值最高的食物（品）。稍有区别的是，评级在评分（Nutri-score标签和指引星标签均采用评级算法，而NuVal评分标签采用评分法）基础上划分等级，转化为如Nutri-score标签的A～E评级或者指引星标签的星级评价，比纯评分标签（NuVal评分标签）更直观地展示植物性食物（品）的营养健康等级。

表3-9 总结指示体系的FOP标签营养评价标准与算法

营养素度量法	分类	FOP标签	营养评价标准	具体算法	图标
总结指示体系	阈值	Keyhole标签（黄泽颖，2020）	符合高膳食纤维、低脂、低糖、低添加糖、低盐其中的一个标准	阈值法：同时达到限制性营养成分最高含量与鼓励性营养成分最低含量	
		较健康选择标志（黄泽颖，2020）	达到脂肪、饱和脂肪酸、反式脂肪酸、钠、总糖的最高含量以及膳食纤维、全谷物比重的最低值	阈值法：同时达到限制性营养成分最高含量与鼓励性营养成分最低含量	
		心脏检查标志（黄泽颖、黄贝珣，2021）	要同时符合三个条件：一是维生素A、维生素C、铁、钙、蛋白质、膳食纤维至少一种达到每日推荐摄入量的10%及以上；二是总脂肪＜6.5 g，饱和脂肪酸≤1 g，饱和脂肪酸所含热量≤15%，反式脂肪酸＜0.5 g，不含有植物奶油、植物黄油等氢化油；三是钠含量≤480 mg	阈值法：同时达到限制性营养成分最高含量与鼓励性营养成分最低含量	
		选择标识（Choices International Foundation，2014）	以脂肪、钠、纤维为评价标准，而且维生素A、维生素E、维生素D、维生素B_1、维生素B_2、维生素B_6、维生素B_{12}、叶酸、维生素C、钙、铁、膳食纤维至少两种含量达到最低要求	阈值法：同时达到限制性营养成分最高含量与鼓励性营养成分最低含量	

续表

营养素度量法	分类	FOP标签	营养评价标准	具体算法	图标
总结指示体系	评分	NuVal评分标签（NuVal, LLC，2020）	从鼓励性营养成分（纤维、叶酸、维生素A、维生素C、维生素D、维生素E、维生素B_{12}、维生素B_6、钾、钙、锌、ω-3脂肪酸、生物类黄酮、总类胡萝卜素、镁、铁）、限制性营养成分（饱和脂肪酸、反式脂肪酸、钠、糖、胆固醇）、热量3个维度评价，鼓励性营养成分构成分子，限制性营养成分构成分母，每种营养成分的权重都基于对美国人健康的影响程度，即鼓励性营养成分分值越高或者限制性营养成分分值越低，NuVal评分越高	评分法：鼓励性营养成分构成分子，限制性营养成分构成分母，鼓励性营养成分分值越高或者限制性营养成分分值越低，NuVal评分越高	1-100 NuVal Nutrition made easy.
	评级	Nutri-score标签（黄泽颖、黄贝珣，2021）	限制性营养成分（糖、饱和脂肪酸、钠）、鼓励性营养成分/食物组（蔬果、纤维、蛋白质），然后总分值=累计限制性营养成分分值－累计鼓励性营养成分分值，不同食品与饮品的评分对应不同评级	评级法：总分值=累计限制性营养成分分值－累计鼓励性营养成分分值	NUTRI-SCORE A B C D E
		指引星标签（黄泽颖、黄贝珣，2021）	分为鼓励性营养成分/食物组（如维生素、矿物质、纤维、全谷物、ω-3脂肪酸）与限制性营养成分（如饱和脂肪酸、反式脂肪酸、添加钠、添加糖），分别赋予正值与负值，通过一定运算法则进行正负值相加，然后将得分转换为0～3颗星。总分在0～11分共有1～3颗星，星级越多，营养价值越高	评级法：总分值=累计鼓励性营养成分－累计限制性营养成分	GUIDING STARS NUTRITIOUS CHOICES MADE SIMPLE

第三节 特定营养素体系FOP标签与健康引导

一、智利警告标签

与世界多数国家一样，智利居民超重肥胖问题凸显，在经济合作与发展组织（OECD）的肥胖率排名中位列第二（Popkin &Hawkes，2016），60%的15～64岁居民超重肥胖（FAO and the PAHO/WHO，2019）。对此，智利卫生部于2012年通过并于2016年实施《食品标签和广告法》（第20.606号法案），要求对能量与关键营养素（脂肪、糖、钠）含量高的包装食品和饮料（包括进口包装食品和饮料）强制实施警告标签，禁止将警告标签的食品通过广告或者学校销售给14岁及以下未成年人（Corvalán等，2013）。智利警告标签的图标为黑白八角形，正中间采用西班牙语的“高糖”“高饱和脂肪酸”“高钠”“高热量”文本，字体较大且引人注意，正下方显示卫生部字眼。警告标签一般位于食品包装右上角，类似于“停车”“停止”的交通警示牌与香烟盒的“吸烟有害健康”警告。

智利警告标签对每100 g/mL食品的糖、饱和脂肪酸、钠、能量的营养评价标准如表3-10所示，只要食品的糖、饱和脂肪酸、钠、能量含量超过阈值，就会被强制标示警告标签，包装袋最多可携带4种警告标签。按照智利食品标签和广告法案规定，2016—2019年警告标签的阈值逐步缩小，营养评价标准越来越严格（Alejandra等，2018）。

表3-10　2018年食品与饮料警告标签的营养评价标准

	高糖（总糖）	高饱和脂肪酸	高钠	高热量
食品	10 g/100 g	4 g/100 g	400 mg/100 g	275 kcal/100 g
饮料	5 g/100 mL	3 g/100 mL	100 mg/100 mL	70 kcal/100 mL

数据来源：Kanter et al.(2019)

智利警告标签的实施引起学界的广泛关注，学者们基于问卷调查均认可警告标签产生的积极影响，例如，警告标签可视且易于理解（Mandle等，2015），显著降低了年轻人对含糖饮料的购买频率（Bollard等，2016），能减少居民对高钠、高糖、高饱和脂肪酸食品的消费频率（Becker等，2016），让消费者了解过度摄入含糖饮料的危害性（Grummon等，2019），以及提高居民对标签信息的利用率（Ares等，2020）。虽然有充分的证据表明警告标签的有效性，但在执行过程中，一些食品和饮料跨国公司比较反对在进口食品上使用警告标签（Patino等，2019）。

二、英国交通灯信号标签

为预防英国居民超重和肥胖，帮助消费者快速选择健康食品，2006年英国食品标准局仿照交通信号灯模式，对预包装食品推行交通灯信号标签，一种是单一交通灯信号标签（Simple Traffic Light Signpost Labelling，STLSL），单独显示食品能量值与参考摄入量百分比（Percentage of Reference Intake，%RIs）；另一种是多交通灯信号标签（Multiple Traffic Light Signpost Labelling，MTLSL），显示能量值与4种营养成分含量值（顺序依次为脂肪、饱和脂肪酸、糖和盐）及其%RIs值。对于多交通灯信号标签，脂肪、饱和脂肪酸、糖和盐的含量值与%RIs值从低、中、高分别标记为绿色、琥珀色与红色（见图3-6），具体而言，绿色信号意味着食物营养价值较高，含有越多绿色信号的食品，越有益于身体健康，如瓜果、蔬菜；琥珀色信号意味着食物可以适量摄入，如鸡蛋、肉、奶酪等；红色信号警示消费者应严格控制摄入量和食用频率，如高油、高盐食品。如果食物的标签同时显示绿色、琥珀色、红色，建议消费者在同类食品之间选择含有绿色和黄色信号较多的食品。

Text	LOW	MEDIUM	HIGH	
Colour code	Green	Amber	Red	
			>25% of RIs	>30% of RIs
Fat	≤3.0 g/100 g	>3.0 g to≤17.5 g/100 g	>17.5 g/100 g	>21 g/portion
Saturates	≤1.5 g/100 g	>1.5 g to≤5.0 g/100 g	>5.0 g/100 g	>6.0 g/portion
(Total)sugars	≤5.0 g/100 g	>5.0 g to≤22.5 g/100 g	>22.5 g/100 g	>27 g/portion
Salt	≤0.3 g/100 g	>3.0 g to≤1.5 g/100 g	>1.5 g/100 g	>1.8 g/portion

图3-6 交通灯信号标签4种营养成分的颜色编码标准

图片来源：黄泽颖（2020）

交通灯信号标签采用自愿标示原则，如果食品生产商与零售商选择使用，需要严格按照《预包装零售食品包装正面（FOP）营养标签设计指南》的规定。交通灯信号标签获得英国多家大型超市和食品生产商的支持，实施效果较好，比如百事可乐、雀巢、玛氏等公司，在多数产品使用标签，到2018年，大约2/3的包装食品和饮料采用了交通灯信号标签。而且，交通灯信号标签产品行销到世界多数国家，被认为是最易理解与使用的标签（Gorton等，2008），有助于减少高盐、高脂、高糖食品的购买频率（Balcombe等，2010）以及减少热量与限制性营养成分摄入量（Sacks等，2009；Temple 等，2011）。

三、英国GDAs标签

GDAs（Guideline Daily Amounts）标签是普通成年人每天健康膳食应摄入能量和营养成分总量指南的FOP标签。该标签由英国食品杂货分销协会（Institute of Grocery Distribution，IGD）创建，在1996年由英国食品标准局（FSA）的前身——农业、渔业和食品部（MAFF）启动。为指导消费者了解产品营养状况并做出健康选择，IGD规定了居民对脂肪、饱和脂肪酸、钠、糖和纤维的每天参考摄入量，并于1998年开发了食品包装背面的GDAs标签。

2004年，GDAs标签转为FOP标签，2006年食品和饮料工业联合会（欧洲食物饮料联合会的前身）根据欧洲饮食建议制定欧盟GDAs标签。一般而言，GDAs标签提供能量和4种可能会增加饮食相关疾病风险的营养成分信息。GDAs标签从左到右依次邀请强制显示每份食品和饮料的能量、糖、脂肪、饱和脂肪酸、盐的含量和相应的成年人（18岁以上、正常体重和/或维持体重的健康男女）每日推荐摄入量百分比，但碳水化合物、蛋白质和纤维等营养成分标示可由生产商自行决定。虽然食品、饮料及零售行业可通过自检或送检方式标示GDAs标签的营养素数值，但应根据欧盟最新发布的饮食要求和建议计算（Pauline等，2015a）。例如，能量的GDA%根据欧洲普通人群（普通女性的GDAs能量是2000 kcal，而普通男性是2500 kcal）平均能量需求（EAR）得出。英国许多生产商和零售商在1998年后引入GDAs标签，且GDAs标签在欧洲多数国家推广，消费者对GDAs标签有良好的印象，72%的受访者声称见过该标签（Institute of Grocery Distribution，2004）。而且，消费者认为GDAs标签的信息采用集合排列方式简单清晰（Muller & Ruffieux，2020），且显示食物分量，能帮助他们选择适合的摄入量（Royal Thai Government，2016）。然而，GDAs标签并非十全十美（Tarabella & Voinea，2013），GDAs标签的营养数值并不能被轻易地识别和理解（Pauline等，2015b），有时会被错误解读（Arr ú a等，2017），尤其对于受教育程度低的消费者（Hawley等，2013）。英国一家大型零售商的销售数据显示，GDAs标签的引入并没有提高健康产品的销量（Boztug等，2012），且对软饮料分量的选择和摄入没能产生积极的影响（Vermeer等，2011）。

四、美国正面事实标签

在美国，超重肥胖是一个严重的问题。根据2011年美国国家卫生统计中心调查数据，美国34%的成年人超重，28%的成年人肥胖（Lucas等，2012）。为引导居民合理饮食，食品杂货制造商协会（Grocery Manufacturers Association，GMA）和食品营销学会（Food Marketing Institute，FMI）于2011

年联合牵头实施正面事实标签。该FOP标签在预包装食品和饮料（除了膳食补充剂与4岁以内儿童食品）包装前面显示关键营养信息，生产商可自愿选择标示。正面事实标签设计有专门的顾问团队，由烹饪、营养教育、医学、营养科学、运动生理学等不同专业背景的专家组成，为营养标签教育与实施提供专家咨询和指导。

正面事实标签可展示食品中与健康紧密相关的限制性营养成分（饱和脂肪酸、钠、糖）和鼓励性营养成分（蛋白质、膳食纤维、维生素、矿物质），例如，正面事实标签可在展示能量、饱和脂肪酸、钠、糖等营养成分含量及其每日营养素推荐摄入量百分比（%Daily Value，%DV）的基础上选择展示鼓励性营养成分。正面事实标签的显著特点是简化的营养事实标签（Simplified Nutrition Facts Panel）。美国新版的营养事实标签强制显示“1”（能量）+“14”（脂肪提供的能量百分比、脂肪、饱和脂肪酸、反式脂肪酸、胆固醇、总碳水化合物、糖、膳食纤维、蛋白质、维生素A、维生素C、钠、钙和铁）营养成分的信息。正面事实标签从营养事实标签选取营养素及其每日营养素推荐摄入量百分比等信息进行展示（见图3-7）。

Nutrition Facts

Serving Size 1 cup (244g)

Amount Per Serving	
Calories 140	Calories from Fat 45
	%Daily Value*
Total Fat 5g	8%
Saturated Fat 1g	5%
Trans Fat 0g	
Cholesterol 30mg	10%
Sodium 410mg	17%
Potassium 1,000mg	29%
Total Carbohydrate 15g	5%
Dietary Fiber 2g	8%
Sugars 5g	
Protein 9g	
Vitamin A 20% •	Vitamin C 0%
Calcium 20% •	Iron 0%

* Percent Daily Values are based on a 2,000 calorie diet. Your Daily Values may be higher or lower depending on your calorie needs:

	Calories:	2,000	2,500
Total Fat	Less than	65g	80g
Sat Fat	Less than	20g	25g
Cholesterol	Less than	300mg	300mg
Sodium	Less than	2,400mg	2,400mg
Total Carb		300g	375g
Dietary Fiber		25g	30g

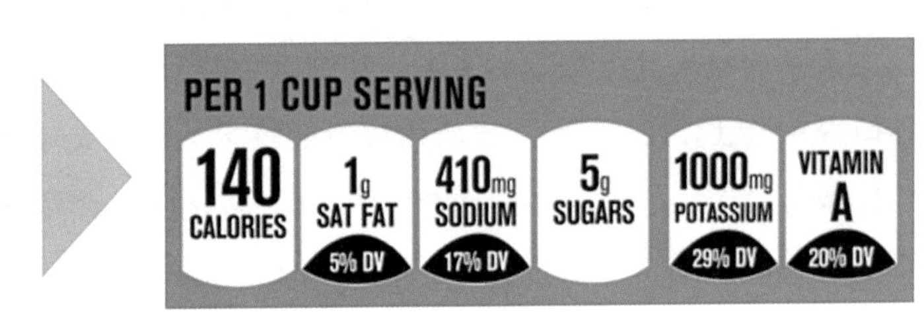

图3-7 正面事实标签是简化的营养事实标签

图片来源：The Joint Initiative of the Grocery Manufacturers Association and the Food Marketing Institute（2020）

目前，美国市场上流行的正面事实标签类型有水平格式（从左到右依次是能量、饱和脂肪酸、钠、糖含量及DV%）、垂直格式（能量、饱和脂肪酸、钠、糖含量及DV%）的基本图标与可选图标。基本图标要求展示能量、饱和脂肪酸、钠、糖含量等信息，可选图标展示蛋白质、膳食纤维、维生素A、维生素C、维生素D、钙、铁、钾等鼓励性营养成分的信息。此外，正面事实标签按照联邦食品药品监督管理局（Food and Drug Administration，FDA）和美国农业部（United States Department of Agriculture，USDA）的营养标签规定确立图标、字体及其大小、背景颜色。食用分量可用每杯、每半杯、每包、每瓶、每人两汤匙等单位声明，提醒消费者控制食用量。

正面事实标签可帮助忙碌的购物者总结重要的营养信息。但是，与营养事实标签一样，正面事实标签信息解读要求消费者储备相关营养知识，消费者如果缺乏营养知识，则容易被正面事实标签的信息所误导（Miller等，2015）。

五、意大利营养信息电池标签

营养信息电池（NutrInform Battery）标签是2018—2019年意大利经济发展、农业、卫生和外交四个部门按照欧盟法规No.1169/2011第35条和欧盟推荐的成人平均摄入量（2000 kcal），在国家公共卫生研究所（ISS）及食品和营养研究中心（CREA）两个政府研究所的技术和科学支撑下设计的FOP标签。该标签是意大利政府根据《营养声明》第5条建议的营养声明补充形式，与英国多交通灯信号标签信息类似，标示每份食品的能量值（以kcal表示）与关键营养素（盐、脂肪、饱和脂肪酸和糖）含量值（以g表示），并通过5个电池容量图标显示每100 g/mL能量与营养素占每日居民膳食参考摄入量（Reference Intakes，RIs）百分比，旨在提高消费者对食品能量和营养素贡献或重要性的认识（Mazzù等，2020）。2020年，意大利得到欧盟批准，正式推行自愿标识的营养信息电池标签（Mazzù等，2021）。同年，塞浦路斯、捷克、希腊、匈牙利、拉脱维亚和罗马尼亚等国家加入意大利的倡议，使用营养信息电池标签。营养信息电池标签与意大利地中海膳食模式相匹配（Fesnad & Nutricional，2020），并计划在未来用于未包装食品（Mazzù 等，2020）。为指导消费者正确使用营养信息电池标签，意大利经济发展部在官网上发布《可选的营养信息电池标签使用手册》，规定了标签的使用条件与使用标准（Unione Industriali Pordenone，2021）。不足的是，营养信息电池标签尚未对食品进行全面评估，未显示鼓励性营养成分信息（Fesnad & Nutricional，2020）。

六、对植物性饮食的健康引导

上述5种特定营养素体系FOP标签的营养评价标准与具体算法如表3-11所示，对植物性饮食的促进作用主要在于减少预包装植物性食品限制性营养成分的过量摄入。

第一，通过特定营养素体系FOP标签选择低限制性营养成分的预包装植物性食品。警告标签、多交通灯信号标签、GDAs标签、正面事实标签、营养信息电池标签主要显示能量与4个限制性营养成分（脂肪、饱和脂肪酸、糖和盐），且仅应用于预包装食品。一般情况下，米面制品（挂面、米粉、薯粉等）、豆制品（豆奶、豆干等）、蔬果制品（蔬果汁、果脯、腌菜等）、坚果/种子产品（熟腰果、花生仁）等预包装食品可能会添加糖、盐与植物油。在植物性饮食中，通过这些标签可了解植物性食品限制性营养成分含量及其参考摄入量百分比，如果每单位的含量与百分比较高，则要谨慎购买。

第二，通过文字警告与颜色编码的FOP标签快速获悉植物性食品超标的限制性营养成分。与其他特定营养素体系FOP标签相比，警告标签、多交通灯信号标签采用最值算法，即某一限制性营养成分超过指定的最高含量，则显示警告文字或者显示红色，反之，不显示文字或者转为琥珀色、绿色。如果居民选择植物性饮食，察觉到植物性食品贴有高（糖、饱和脂肪酸、钠、能量）警告标签或者带有红色编码的交通灯信号标签，则要谨慎购买或者少量摄入，才能有效保证健康饮食。

表3-11　特定营养素体系的FOP标签营养评价标准

FOP标签	营养评价标准	具体算法	图标
警告标签（Mel é ndez-Illanes等，2019）	高糖（总糖）、高饱和脂肪酸、高钠、高能量	阈值法：超过限制性营养成分最高含量，则显示警告文字	
多交通灯信号标签（黄泽颖，2020）	能量、脂肪、饱和脂肪酸、糖和盐，并进行颜色编码	阈值法：超过营养评价标准显示红色	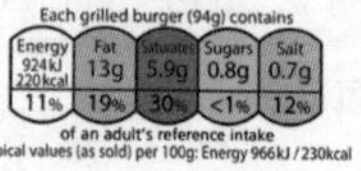
GDAs标签（The European Food Information Council，2007）	能量、糖、脂肪、饱和脂肪酸、盐	无	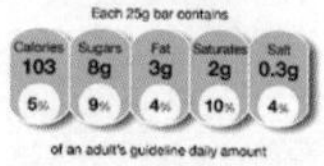
正面事实标签（黄泽颖、黄贝珣，2021）	能量、饱和脂肪酸、钠、糖（可附加维生素、矿物质）	无	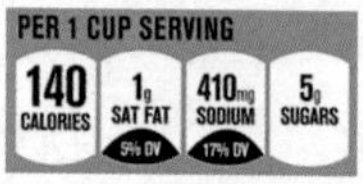
营养信息电池标签（Governo Italiano Ministero dello sviluppo economico，2020）	盐、脂肪、饱和脂肪酸、糖	无	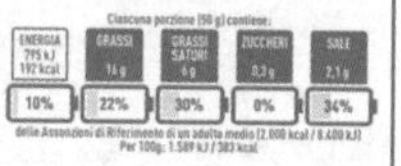

第四节　食物类别信息体系FOP标签与健康引导

全谷物邮票标识是食物类别信息体系FOP标签的代表。该标签由全谷物协会①（Whole grains council）于2005年1月启动。根据全谷物协会对全谷物食品的定义，全谷物食品是指谷物经过加工（如破碎、碾碎、碾压、挤压、煮熟），还提供与原始谷物种子同样丰富的营养均衡食品，该标签根据谷物食品中包含的特定全谷物成分设计特定图案（Marinangeli等，2020）。全谷物邮票在全球流通，共有英语、法语、中文、西班牙语、葡萄牙语5种语言版本，

① 全谷物协会又称为全谷物委员会、全谷物理事会，成立于2003年，是一个致力于引导消费者选择真正全谷物产品的全球性非营利组织，致力于帮助消费者找到全谷物食品并了解其对健康的好处；鼓励企业生产全谷物含量高的食品；帮助媒体撰写关于全谷物权威、吸引眼球的新闻报道。

统一使用黑金色全麦图像，即在金色的背景和醒目的黑色边框上有一捆风格鲜明的谷物图形。2007年1月至今，全谷物邮票共有三个固定版本，分别是100%标识、50%+标识、基本标识，但标示的全谷物含量因各国的膳食指南不同而不同。目前，全世界大约有四分之三的全谷物邮票产品贴有50%+标识和100%标识。

为获得消费者认可，全谷物协会在推出全谷物邮票的第一年（2005年），在美国做了大量的宣传工作，包括在知名的电视节目Today Show、The Oprah Winfrey Show以及在200个发行量较大的报刊如*Time*、*Vogue*介绍全谷物邮票，而且在线下与超市、便利店合作，开展全谷物宣传教育。同时，全谷物协会积极与美国食品和药物管理局（FDA）和美国农业部（USDA）等政府机构合作制定全谷物消费促进法规，还与英国谷物管理局、加拿大健康谷物研究所、中国国家发改委公众营养与发展中心、丹麦卫生当局等密切合作。全谷物邮票的实施效果良好，截至2020年11月，全谷物邮票已在1.3万种不同产品应用，在美国、中国、英国、日本、加拿大、澳大利亚等63个国家推广。据2015年全谷物协会对1500个成年消费者问卷调查发现，80%的受访消费者信任全谷物邮票，相信该标识能帮助他们比较全谷物含量与搜寻真正的全谷物食品（Oldways Whole Grains Council，2020）。

关于每份食品的全谷物原料含量，全谷物邮票以全谷物原料（粉和谷物）的干重计算全谷物含量，计算公式为"全谷物原料的总重量（克）÷产品的总份数 = 克/份"。如果是即食类全谷物、浸泡过的全谷物、浸湿的发芽全谷物，则必须扣除水分重量。对于一份全谷物食品重量的确定方法，一种是根据各国规定的每份食品重量，如在我国，食品分量以100克或100毫升标示；另一种是按照美国包装食品标准。

从2011年开始，全谷物邮票在我国正式推广，目前已有119种产品被批准使用全谷物邮票，通过全谷物邮票产品清单库搜索发现，我国市场上贴有100%标识、50%+标识和基本标识的全谷物食品[①] 分别有73种、35种和11种。

---

① 全谷物邮票在我国的餐饮业也有应用，有28种菜品贴有全谷物邮票。

按产品划分，贴有全谷物邮票的面包、早餐食品、面粉分别有29种、44种、15种。其中，曼可顿食品公司（Mankattan）和宾堡集团（Bibo）的切片面包最为常见。图3-8是全谷物协会设计的中文版全谷物邮票，有100%标识（每份含量不少于43克）、50%+标识（每份含量不少于21克）和基本标识（每份含量不少于12克）三个版本。不同的是，全谷物协会采用本土化方法，根据我国的食品单位分量（100克）计算每份全谷物含量。对此，全谷物协会专门制定了适合我国的《全谷物邮票使用指南》，对全谷物邮票进行详细介绍。

图3-8 目前在我国使用的全谷物邮票（中文版）

备注：从左到右分别是100%标识、50%+标识和基本标识；图片来自https://wholegrainscouncil.org

近两年，多项发表于世界权威期刊的研究结果揭示了食用全谷物食品对于降低患心脏病（Murphy &Schmier，2020）、2型糖尿病（Hu等，2020）、失眠（Gangwisch等，2020）、抑郁症状（Francis等，2019）、肝脏炎症（Hoevenaars等，2019）、高血压（Foscolou等，2019）、结肠癌（Bradbury等，2019）等风险的积极作用。全谷物食品标签是推进居民增加全谷物摄入量的有效干预措施（Suthers等，2018）。全谷物邮票对植物性饮食产生健康引导作用，能清楚地显示每份全谷物食品的全谷物含量（每份至少含有 8克全谷物原料），虽然分为3种含量标识，但消费者只要查找到标签，则可证明摄入的食品为全谷物食品。

第五节 混合型FOP标签与健康引导

一、美国明智选择计划标签

为帮助消费者选择营养密度高的食品，2008年美国非营利性社会组织Keystone Center依据美国居民膳食指南与营养科学共识开发并实施明智选择计划标签（Lupton等，2010）。明智选择计划标签由两大部分构成，上半部分是绿色勾选和标签口号“引导好的选择”（Guiding Food Choices），下半部分显示包装食品的份数与每份的能量值。具体而言，明智选择计划标签将食物分为19类，每一类分别有限制性营养成分（如总脂肪、饱和脂肪酸、反式脂肪酸、胆固醇、添加糖、钠）的最高含量、鼓励性营养成分（如钙、钾、纤维、镁、维生素A、维生素C、维生素E）的最低含量，以及鼓励性食物组（如蔬菜和水果、全谷物、低脂或无脂牛奶）的最低含量，只要三者都达到营养评价标准，均可标示明智选择计划标签（Lupton等，2010）。

明智选择计划标签实行自愿申请制，食品生产商和零售商申请的产品如果符合既定认证标准则可贴标。据统计，2009年以来，通用磨坊、康尼格拉食品、百事公司、卡夫食品、Sun-Maid、联合利华、Tyson、Kellogg等知名企业累计19类500种食品获得标签认证。沃尔玛、可口可乐、雀巢三家企业也密切关注明智选择计划标签，通用磨坊还计划推出全新的产品包装袋使用明智选择计划标签。由于明智选择计划标签的图形设计（绿色勾选与口号）比较吸引眼球，在推行期间备受消费者关注（Michael，2009；Smart Choices Food Labeling Program，2009）。

2009年，美国一些超市货架出现显示明智选择计划标签的果脆圈麦片和软糖冰激凌等高热量、高脂、高糖非健康食品（Marla，2009；Jegtvig，2009），误导了大多数消费者（Nestle，2009；Dumke& Zavala，2009）。当年10月，明智选择计划标签被美国FDA停止使用，并关闭标签网址（http://

www.smartchoicesprogram.com），食品生产商和零售商也停止使用该标签（State of Connecticut，2009）。明智选择计划标签从启动到停止不到1年，其失败的原因在于政府的认证资质审核与认证监管缺位，但明智选择计划标签的营养评价标准值得借鉴。

二、澳大利亚健康星级标签

为预防澳大利亚儿童和成人超重肥胖，澳大利亚政府推行健康星级标签方便消费者比较同类预包装食品的健康程度。健康星级标签以“星星越多越健康”为口号，参考《澳大利亚膳食指南》，将食品热量、5种营养成分（钠、饱和脂肪酸、糖、蛋白质、膳食纤维）以及食物组（水果/蔬菜/坚果/豆类），分为鼓励性营养成分（蛋白质、膳食纤维、水果/蔬菜/坚果/豆类）和限制性营养成分（钠、饱和脂肪酸、糖），并计算总分，最后结合食品类别，根据《健康星级评分算法行业指南》查询健康星级评分。一般而言，食品的健康程度评级是0.5～5星，以半星递增，星星越多，产品越健康。

2014年至今，健康星级标签采用自愿使用原则，虽然营养评价标准存在不完善的地方，但整体实施效果良好。澳大利亚食品监管部委托Mpconsulting第三方咨询公司开展标签实施效果评估发现，截至2018年6月，澳大利亚约三分之一的产品标示了健康星级标签，并稳步增加，其中，共有386种加工水果和蔬菜加贴标签，使用率居第三高。而且，标签能有效引导消费者采用健康星级标签购买低热量、低饱和脂肪酸、低糖、低钠的食品。据调查，70%的澳大利亚消费者认为健康星级标签容易被理解与使用。同时，澳大利亚居民对健康星级标签的使用信心有了显著提升，从2016年的50%提高到2018年的70%。澳大利亚消费者表示，他们最有可能关注健康星级标签购买早餐麦片、什锦早餐、预制餐点、即食食品、面包、零食和酸奶等加工食品。

《健康星级评分系统类型指南》规定，食品生产商和零售商有责任根据自己的食品（谷物和谷物产品、包装的新鲜水果和蔬菜、调味料、面包和烘焙产品、奶制品和替代品、方便食品）包装袋的大小和可用空间选择使用类型1～5的标签（见表3-12）。围绕产品的适用性，包装袋的健康评分有仅标示食品星级（类型4）、标示星级和营养成分信息（类型1～3）[①]、仅标示食品能量（类型5）三种方式，其中，类型5适用于非乳制品饮料、糖果和食用油等产品。

表3-12　健康星级标签的5种类型

标签类型		备注
1	3.5 HEALTH STAR RATING; ENERGY 0000kJ; SAT FAT 0.0g; SUGARS 0.0g; SODIUM 000mg; NUTRIENT 0.0g; PER 100g	“健康星级评分＋能量＋3个指定营养成分+1个可选营养成分”的图标
2	3.5 HEALTH STAR RATING; ENERGY 0000kJ; SAT FAT 0.0g; SUGARS 0.0g; SODIUM 000mg; PER 100g	“健康星级评分＋能量＋3个指定营养成分”的图标
3	3.5 HEALTH STAR RATING; ENERGY 0000kJ; PER 100g	“健康星级评分＋能量”的图标
4	3.5 HEALTH STAR RATING	健康星级评分图标
5	ENERGY 0000kJ 0% DI*; PER PACK	能量图标

资料来源：http://www.healthstarrating.gov.au/internet/healthstarrating/publishing.nsf/content/home

① 除了星星，食品的营养成分信息直接显示在评级的下面或旁边，其中，指定的营养成分是每100克产品或100毫升液体的饱和脂肪酸、钠（盐）和总糖。

三、对植物性饮食的健康引导

见表3-13，混合型FOP标签以总结指示体系为主，特定营养素体系为辅，概括食物整体营养价值，列举若干关键营养素，既可以帮助忙碌的消费者识别总结指示体系相关图标立刻做出购买决策，又可以让关注某一营养素的人群快速获取信息。对于植物性饮食者，混合型FOP标签具有两方面的促进作用：

一是帮助消费者购买健康的植物性食品。作为混合型FOP标签，明智选择计划标签与健康星级标签都将限制性营养成分与鼓励性营养成分/食物组纳入营养评价标准，但仅能应用于预包装食品，虽然适用范围不及总结指示体系FOP标签（还可应用于生鲜农产品与菜品）广泛，但采用植物性饮食的消费者可利用两种营养素度量法模型选择健康的植物性食品。

二是为消费者选购植物性食品提供可选择的营养信息展示方式。虽然明智选择计划标签通过“勾选”方式最快捷地帮助消费者做植物性食品的购买决策，但健康星级标签展示更多的特定营养素含量值及其参考摄入量百分比，能满足一些消费者想详细了解产品更多营养成分的需求。所以，混合型FOP标签能做到满足不同人群的信息需求。

表3-13　混合型FOP标签营养评价标准

FOP标签	营养评价标准	算法	图标
明智选择计划标签（Lupton等，2010）	将食物分为19类，不超过总脂肪、饱和脂肪酸、反式脂肪酸、胆固醇、添加糖、钠等限制性营养成分最高含量，达到钙、钾、纤维、镁、维生素A、维生素C、维生素E等鼓励性营养成分最低含量，满足蔬菜、水果、全谷物、低脂或无脂牛奶最低含量	阈值法：同时达到限制性营养成分最高含量与鼓励性营养成分最低含量	SMART CHOICES PROGRAM GUIDING FOOD CHOICES TM 120 CALORIES PER SERVING | 9 SERVINGS PER PACKAGE
健康星级标签（黄泽颖，2020）	基于食品能量，将营养成分分为鼓励性营养成分（蛋白质、膳食纤维、水果/蔬菜/坚果/豆类）和限制性营养成分（钠、饱和脂肪酸、糖），并计算总分，最后结合食品类别，根据《健康星级评分算法行业指南》查询健康星级评分。一般而言，食品的健康程度评级是0.5～5星，以半星递增	评级法：总分值＝累计鼓励性营养成分－累计限制性营养成分	3.5 HEALTH STAR RATING

第六节 本章小结

本章节介绍了4款代表性的 BOP标签以及15款代表性的FOP标签的特点，分析了营养标签植物性饮食的健康引导作用。国际食品法典委员会、美国、英国、加拿大、澳大利亚的BOP标签大多用于预包装食品，展示的营养信息分别为“1+3”“1+14”“1+6”“1+13”“1+6”（能量与营养成分）的含量值，且美国、加拿大还要求显示每日推荐摄入量百分比（%DV），比较而言，BOP标签强制显示的营养成分越多，且附带每日参考摄入量百分比，不仅有助于选择低限制性营养成分的植物性食品，而且还有助于购买鼓励性营养成分整体含量较高的食品。Keyhole标签、较健康选择标志、心脏检查标志、选择标识、NuVal评分标签、Nutri-score标签、指引星标签等总结指示体系FOP标签指导消费者摄取广泛的植物性食物（品），让消费者最容易了解植物性食物的整体营养；警告标签、多交通灯信号标签、GDAs标签、正面事实标签、营养信息电池标签等特定营养素体系FOP标签有助于选择低限制性营养成分的预包装植物性食品，以及快速获悉植物性食品超标的限制性营养成分；以全谷物邮票为代表的食物类别信息体系FOP标签能促进居民增加全谷物摄入，促进健康的植物性饮食；明智选择计划标签与健康星级标签等混合型FOP标签为消费者选购植物性食品提供可选择的营养信息展示方式。

第四章

国外 FOP 标签在植物性食物与纯素食的应用

上一章分析了BOP标签与FOP标签对植物性饮食的健康引导作用。本章节拟从上述FOP标签国际经验中抓取能应用于谷物及制品、薯豆类及制品、蔬菜及制品、水果及制品、坚果/种子以及纯素食食谱的营养评价标准及实践经验。

第一节　谷物及制品的营养评价标准与应用

Keyhole标签、较健康选择标志、心脏检查标志、选择标识、指引星标签、明智选择计划标签、全谷物邮票等FOP标签在居民日常食用的谷物及制品得到了应用。总结而言，这些标签的营养评价标准为：（1）面粉、大米仅考量膳食纤维含量；（2）糙米、杂粮饭考量全谷物原料比例；（3）早餐谷物产品（如燕麦片）、米制品（米粉、粉丝）、面食（面条、面包、馒头、蛋糕、饼干）等加工（烹饪）制品，考量的营养成分较多，除了膳食纤维、全谷物，还有能量、脂肪、饱和脂肪酸、反式脂肪酸、胆固醇、糖、添加糖、盐等限制性营养成分含量以及蛋白质、ω-3脂肪酸、维生素、矿物质等鼓励性营养成分/食物组（如蔬果）含量。Keyhole标签将谷物及制品分为面粉、大米、早餐谷物产品、粥、面包、面食6类（见表4-1），每类都有严格的营养评价标准与全谷物含量要求，例如，面粉和大米只要达到最低的膳食纤维含量（分别是6 g/100 g、3 g/100 g）与全谷物含量（100%全谷物或糙米）即可标示Keyhole标签。对于面食，不仅考量膳食纤维最低含量（6 g/100 g），还考察最高盐含量（0.1 g/100 g）。粥、面包、早餐谷物产品，均考察最低的膳食纤维含量以及最高的脂肪、糖、添加糖、盐含量。

表4-1 标示Keyhole标签的谷物及制品营养评价标准

谷物及制品	营养评价标准	全谷物含量的要求
面粉	最低膳食纤维含量：6g/100 g	100%全谷物的面粉
大米	最低膳食纤维含量：3 g/100 g	100%全粒大米（糙米）
早餐谷物产品	最高脂肪含量：8 g/100 g；最高糖含量：13 g/100 g，其中最高添加糖含量：9 g/100 g；最低膳食纤维含量：6 g/100 g；最高盐含量：1.0 g/100 g	55%以上全谷物的早餐片和什锦麦片；20%以上全谷物的麸质早餐片和什锦麦片
粥	最高脂肪含量：4 g/100 g；最高糖含量：5 g/100 g；最低膳食纤维含量：1 g/100 g；最高盐含量：0.3 g/100 g	55%以上全谷物的即食粥
面包	最高脂肪含量：7 g/100 g；最高糖含量：5 g/100 g；最低膳食纤维含量：5 g/100 g；最高盐含量：1.0 g/100 g	30%以上全谷物的软面包；10%以上全谷物的无麸质面包
	最高脂肪含量：7 g/100 g；最高糖含量：5 g/100 g；最低膳食纤维含量：6 g/100 g；最高盐含量：1.2 g/100 g	35%以上全谷物、30%以上黑麦的即食黑麦面包
	最高脂肪含量：7 g/100 g；最高糖含量：5 g/100 g；最低膳食纤维含量：6 g/100 g；最高盐含量：1.3 g/100 g	50%以上全谷物的硬质面包；15%以上全谷物的无麸质硬面包
面食	最低膳食纤维含量：6 g/100 g；最高盐含量：0.1 g/100 g	50%以上全谷物的面食（不含馅料）

资料来源：The National Food Agency's Code of Statutes（2015）

目前，较健康选择标志有一种标示高全谷物含量（Higher in Whole-Grains）的标识（见图4-1）。根据较健康选择标志对全谷物的定义，全谷物是指完整的谷物或去皮、研磨、碾磨、开裂或片状的谷物。如果全谷物含量占每份谷类制品的比重不低于10%，即可标示高全谷物含量的较健康选择标志（Health Promotion Board，2019）。

图4-1　高全谷物含量的较健康选择标志

图片来源：Health Promotion Board（2019）

见表4-2，较健康选择标志在能量、脂肪、饱和脂肪酸、反式脂肪酸、钠、膳食纤维、总糖、全谷物比重等方面对糙米、杂粮饭、全谷物、即食燕麦/燕麦、早餐谷物、谷物棒、儿童谷物、谷物混合物、意大利面、糙米粉丝、小麦面条、米粉、麦面（如福建黄面）、米粉（如叻沙米粉）、面包（如面包片）、小圆面包、普通圆面包、馒头、蛋糕、松饼、饼干等谷物及制品标示较健康选择标志要求进行规定，例如，对于糙米、杂粮饭、全谷物，仅规定了全谷物比重；至于饼干，则从能量、脂肪、饱和脂肪酸、反式脂肪酸、钠、总糖、全谷物比重进行要求。

为推进学校健康饮食，较健康选择标志在学校食堂及食品、饮料自动售卖机推广应用，并有相关的谷物及制品营养评价标准（Health Promotion Board，2019）：一是食堂的每一顿主餐必须提供糙米或全谷物面包；二是在大米/稀饭/面条中，糙米的比重不低于20%，且提供100%粗加工面条；三是三明治面包原料要选取全麦面包。

表4-2　较健康选择标志对谷物及制品的营养评价标准

谷物	能量（kcal/serving）	脂肪（g/100 g）	饱和脂肪酸（g/100 g）	反式脂肪酸（g/100 g）	钠（mg/100 g）	膳食纤维（g/100 g）	总糖（g/100 g）	全谷物比重
糙米	—	—	—	—	—	—	—	100
杂粮饭	—	—	—	—	—	—	—	≥20
全谷物	—	—	—	—	—	—	—	100

续表

谷物	能量（kcal/serving）	脂肪（g/100 g）	饱和脂肪酸（g/100 g）	反式脂肪酸（g/100 g）	钠（mg/100 g）	膳食纤维（g/100 g）	总糖（g/100 g）	全谷物比重
即食燕麦/燕麦	—	—	—	—	不添加钠	—	不添加糖	100
早餐谷物、谷物棒	—	≤4	—	—	≤400	≥4	≤25	≥25
儿童谷物	—	≤3.3	—	—	—	≥4	≤35	≥25
谷物混合物	—	≤2	—	≤0.1	≤120	—	≤8	≥25
意大利面	—	≤2	—	—	≤120	≥3	—	100
糙米粉丝	—	≤2	—	—	≤180	≥2	—	≥80
小麦面条	—	≤2	—	—	≤180	≥2	—	≥15
米粉	—	≤2	—	—	≤180	≥2	—	≥15
麦面（如福建黄面）	—	≤5	—	—	≤500	≥2	—	≥15
米粉（如叻沙米粉）	—	≤5	—	—	≤400	≥2	—	≥15
面包（如面包片）	—	≤5	—	≤0.1	≤450	≥3	—	≥25
小圆面包、普通圆面包	—	≤5	—	≤0.1	≤450	≥3	—	≥10
馒头	—	≤8	—	—	≤250	—	≤15	≥15
蛋糕、松饼	—	≤22	—	≤0.2	≤300	≥3	≤24	≥10
饼干	≤250	≤25	≤10	≤0.5	≤420	—	≤24	≥30

资料来源：Healthy Foods and Dining Department, Obesity Prevention Management Division（2018）

心脏检查标志对全谷物食品与谷类零食两种谷类食物有专门的营养评价标准（见表4-3）。对于全谷物食品，仅考虑全谷物比重（不低于51%）与膳食纤维含量（不低于1.7 g/30 g）；至于谷类零食，规定了脂肪、饱和脂肪酸、饱和脂肪酸热量、反式脂肪酸、胆固醇、钠的最高含量以及维生素A、维生素C、铁、钙、蛋白质、膳食纤维其中一种营养素达到每日推荐摄入量的10%及以上。

表4-3　心脏检查标志对谷类食物营养评价标准

谷类食物	营养评价标准
全谷物食品	全谷物含量≥食品的51%；膳食纤维含量（仅来自全谷物）≥1.7 g/ 30 g
谷类零食	脂肪：6.5 g/ RACC；饱和脂肪酸：每RACC≤1.0 g，饱和脂肪酸热量≤15%；反式脂肪酸：每RACC≤0.5 g；胆固醇：每RACC≤20 mg；钠：每份≤140 mg；维生素A、维生素C、铁、钙、蛋白质、膳食纤维至少一种达到每日推荐摄入量的10%及以上

资料来源：American Heart Association（2020）。RACC是美国农业部的习惯使用参考量（Reference Amount Customarily Consumed）

选择标识对面包、早餐麦片等谷物食品的鼓励性营养成分含量进行规定（见表4-4），每100 g食品的维生素 B_1、维生素 B_6、叶酸、铁、膳食纤维含量不低于0.11 mg、0.13 mg、40 μg、0.8 mg、2.5 g。而且，选择标识对不同谷物及制品进行产品界定，并设置了营养评价标准（见表4-5），规定了饱和脂肪酸、反式脂肪酸、钠的最高含量以及添加糖、膳食纤维的最低含量。

表4-4　选择标识对谷物食品鼓励性营养成分含量的规定

营养成分	每100 g含量
维生素 B_1	0.11 mg
维生素 B_6	0.13 mg
叶酸	40 μg
铁	0.8 mg
膳食纤维	2.5 g

资料来源：Choices International Foundation（2014）

表4-5　谷物及制品标示选择标识的营养评价标准

谷物及制品	产品界定	营养评价标准
素面和意大利面	白粉面、鸡蛋面、小麦粉面、通心粉、意大利面条	饱和脂肪酸≤1.1 g/100 g；反式脂肪酸≤0.1 g/100 g；钠≤100 mg/100 g；添加糖：不添加；总糖量≤3.0 g/100 g；膳食纤维≥2.7g/100 g
调味面条和意大利面	虾味或鸡肉味的即食面条、香蒜沙司意面、菠菜意面	饱和脂肪酸≤2.0 g/100 g；反式脂肪酸≤0.1 g/100 g；钠≤500 mg/100 g；添加糖：不添加；总糖量≤4.0g/100 g；膳食纤维≥2.7g/100 g

续表

谷物及制品	产品界定	营养评价标准
谷物制品	糙米、印度香米、薄煎饼、比萨	饱和脂肪酸≤1.2g/100 g；反式脂肪酸≤0.1 g/100 g；钠≤100 mg/100 g；添加糖：不添加；总糖量≤4.5 g/100 g；膳食纤维≥1.8 g/100 g
面包	全麦面包、脆皮面包、小面包、羊角面包、黑麦面包、木薯面包、小圆面包	饱和脂肪酸≤1.1 g/100 g；反式脂肪酸≤0.1 g/100 g；钠≤450 mg/100 g；添加糖≤4.0 g/100 g；总糖量≤6.0 g/100 g；膳食纤维≥4.0 g/100 g
早餐谷物产品	什锦麦片、燕麦片、玉米片	饱和脂肪酸≤3.0 g/100 g；反式脂肪酸≤0.1 g/100 g；钠≤400 mg/100 g；添加糖≤15 g/100 g；总糖量≤17 g/100 g；膳食纤维≥6.0 g/100 g

资料来源：Choices International Foundation（2014）

指引星标签对谷物产品设置了单独的营养评价指标（见表4–6），涉及维生素、矿物质、膳食纤维、全谷物、ω–3脂肪酸、饱和脂肪酸、反式脂肪酸、添加钠、添加糖等。

表4–6 指引星标签的谷物产品营养评价指标

食物	营养评价指标
谷物产品	维生素、矿物质、膳食纤维、全谷物、ω–3脂肪酸、饱和脂肪酸、反式脂肪酸、添加钠、添加糖

资料来源：Guiding Stars Licensing Company（2021）

明智选择计划标签将谷物产品分为面包、谷物、意大利面、面粉、早餐谷物（见表4–7），且执行统一的营养评价标准，考察限制性营养成分含量的最高限制以及是否有1种以上鼓励性营养成分（如钙、钾、纤维、镁、维生素A、维生素C、维生素E）/食物组（如蔬菜和水果、全谷物）。如表4–8与表4–9所示，明智选择计划标签严格规范谷物产品的添加糖、添加盐含量（添加糖不超过热量的25%，添加盐的钠含量不超过480 mg/份），并要求全谷物含量不低于8 g/份，而且谷类、面食等产品的原料至少一半是全谷物。

表4-7　明智选择计划标签对谷物产品的营养评价标准

产品种类	营养评价标准
面包、谷物、意大利面和面粉	考察限制性营养成分（如总脂肪、饱和脂肪酸、反式脂肪酸、胆固醇、添加糖、钠）含量的最高限制以及是否有1种以上鼓励性营养成分（如钙、钾、纤维、镁、维生素A、维生素C、维生素E）/食物组（如蔬菜和水果、全谷物）
早餐谷物	

资料来源：Lupton等（2010）

表4-8　谷类食品的限制性营养成分评价标准

限制性营养成分	营养评价标准	特殊情况
添加糖	不超过热量的25%	每份谷类食品最多允许添加12 g糖
钠	每份不超过480mg	1.辨识谷物产品的不同钠密度 2.每份少于43 g谷物食品的钠含量不超过240 mg 3.每份多于43 g谷物食品的钠含量不超过290 mg

资料来源：Lupton等（2010）

表4-9　谷类食品的鼓励性营养成分评价标准

鼓励性营养成分	营养评价标准	特殊情况
全谷物	全谷物含量≥8 g/份	谷物类食品（谷类、面食等），除含有8 g全谷物外，产品中一半的谷物应是全谷物

资料来源：Lupton等（2010）

见图4-2，现行的全谷物邮票共有3类，分别是100%标识（每份至少含有16 g全谷物原料，而且所有谷物原料必须是全谷物）、50%+标识（每份至少含有8 g全谷物原料，而且至少一半的谷物原料必须是全谷物）和基本标识（每份至少含有8 g全谷物原料，允许含有精制加工谷物）。换句话说，每份产品的全谷物原料不少于8 g才有资格使用全谷物邮票。目前，全世界大约有四分之三的全谷物邮票产品标示的是50%+标识和100%标识。

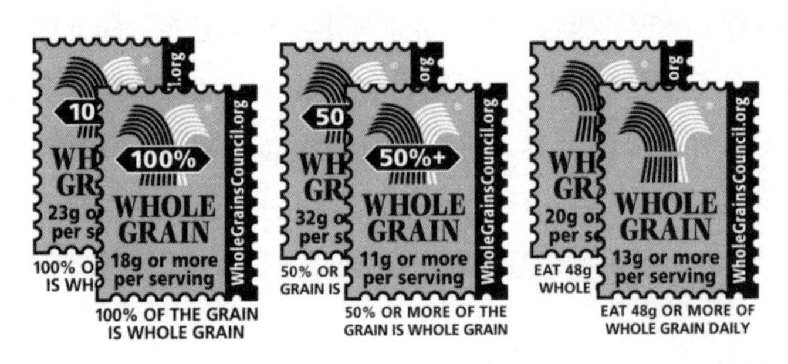

图4-2 全谷物邮票

备注：从左到右分别是100%标识、50%+标识和基本标识；图片来自https://wholegrainscouncil.org

第二节 薯豆类及制品的营养评价标准与应用

通过梳理，共有Keyhole标签、较健康选择标识、指引星标签、选择标识等FOP标签对薯豆类及制品规定了营养评价标准。这些FOP标签对于新鲜的薯豆类没有明确的营养评价标准，较多考虑薯类制品（土豆粉、木薯粉等）与豆类制品（豆类罐头、豆腐、豆浆等），主要考察添加的脂肪、饱和脂肪酸、反式脂肪酸、糖、盐含量，有些还包括维生素、矿物质、膳食纤维、全谷物、ω-3脂肪酸等鼓励性营养成分/食物组。

见表4-10，Keyhole标签对马铃薯以及豆奶、豆腐等豆类食品的营养评价标准做出规定，确定了添加的脂肪、糖、盐含量以及饱和脂肪酸比重的最高值。

表4-10 薯豆类食品标示Keyhole标签的营养评价标准

薯豆类	营养评价标准
马铃薯与豆类食品	添加的脂肪含量≤3 g/100 g；饱和脂肪酸占添加的脂肪比重≤20%；添加糖含量≤1 g/100 g；盐含量≤0.5 g/100 g

资料来源：The National Food Agency's Code of Statutes（2015）

如表4–11所示，较健康选择标识分别规定了豆类罐头、即食豆类、豆浆/饮料、硬豆腐、软豆腐的脂肪、反式脂肪酸、钠、添加糖的最高含量以及钙的最低含量。但每种产品的营养评价标准有所不同，例如，豆类罐头、即食的豆类仅对钠含量进行规定，而硬豆腐和软豆腐对脂肪、钠、钙的含量提出要求，豆浆/豆类饮料的要求更为严格，确定了脂肪、钠、添加糖、钙4种营养成分的含量。

表4–11　豆类及制品的营养评价标准

豆类及制品	脂肪（g/100 g）	反式脂肪酸（g/100 g）	钠（mg/100 g）	添加糖（g/100 g）	钙（mg/100 g）	适合添加的营养声称
豆类罐头	0	0	≤300	0	0	低钠
即食的豆类	0	0	≤120	0	0	低钠
豆浆/豆类饮料	≤2	0	≤40	≤6	≥60	高钙；低钠；低糖
硬豆腐	<5	0	≤120	0	≥120	高钙；低钠
软豆腐	≤5	0	≤120	0	≥60	高钙；低钠

资料来源：Health Promotion Board（2019）

指引星标签对豆类食品也制定了营养评价指标（见表4–12），重点考察维生素、矿物质、纤维、全谷物、ω–3脂肪酸、饱和脂肪酸、反式脂肪酸、添加钠、添加糖等含量。

表4–12　豆类食品的营养评价指标

食物	营养评价指标
豆类食品	维生素、矿物质、膳食纤维、全谷物、ω–3脂肪酸、饱和脂肪酸、反式脂肪酸、添加钠、添加糖等

资料来源：Guiding Stars Licensing Company（2021）

见表4–13，选择标识分别设置了薯类和豆类及其制品的营养评价标准。虽然薯豆类的营养评价指标都是饱和脂肪酸、反式脂肪酸、钠、添加糖、总糖量、膳食纤维，但含量值要求却有所不同，例如，豆类及制品的最高钠含量与总糖量均高于薯类及制品，而最低的膳食纤维含量却低于薯类及制品。

表4–13 薯豆类及制品的营养评价标准

薯豆类及制品	营养评价标准
煮/炸红薯、土豆泥、炸木薯粉、木薯粉、土豆粉	饱和脂肪酸≤1.1 g/100 g；反式脂肪酸≤0.1 g/100 g；钠≤100 mg/100 g；添加糖：不添加；总糖量≤6.5 g/100 g；膳食纤维≥2.7 g/100 g
所有加工过的大豆和杂豆；豌豆、鹰嘴豆、刺槐豆，蚕豆、扁豆；豆腐、豆豉、鹰嘴豆泥	饱和脂肪酸≤1.1 g/100 g；反式脂肪酸≤0.1 g/100 g；钠≤200 mg/100 g；添加糖：不添加；总糖量≤10.0 g/100 g；膳食纤维≥1.0 g/100 g

资料来源：Choices International Foundation（2014）

第三节 蔬菜及制品的营养评价标准与应用

目前，Keyhole标签、较健康选择标志、心脏检查标志、选择标识、指引星标签、明智选择计划标签、健康星级标签等FOP标签对新鲜蔬菜与制品设定了不同的营养评价标准。整体上，新鲜蔬菜可直接标示这些标签。对于蔬菜制品（腌制蔬菜、蔬菜汁等），营养评价标准重点考察添加脂肪、饱和脂肪酸、反式脂肪酸、胆固醇、糖、盐/钠最高含量，还有少数包括维生素、矿物质、膳食纤维、全谷物、ω–3脂肪酸等鼓励性营养成分/食物组。

Keyhole标签适用于新鲜蔬菜（见图4–3）与加工蔬菜，与薯豆类及制品的营养评价标准一样，均对脂肪、添加糖、添加盐以及饱和脂肪酸比重有最高数值要求（见表4–14）。

图4–3 新鲜蔬菜的Keyhole标签

图片来源：The Swedish Food Administration等（2012）

表4-14　蔬菜制品标示Keyhole标签的要求

蔬菜制品	营养评价标准
蔬菜制品	添加脂肪含量≤3 g/100 g；饱和脂肪酸占总脂肪含量≤20%；添加糖≤1 g/100 g；添加盐≤0.5 g/100 g

资料来源：The National Food Agency's Code of Statutes（2015）

为鼓励新加坡居民多吃水果和蔬菜，以满足每日2份水果和蔬菜的摄入需求，根据《较健康选择标志指南》，健康促进局在较健康选择标志正下方标示了“每天吃2+2份水果和蔬菜”的声明（见图4-4）。

图4-4　每天吃2+2份水果和蔬菜的较健康选择标志

图片来源：Health Promotion Board（2019）

“低钠”“低糖”2种较健康选择标志同样适用于蔬菜制品，见表4-15，冷冻/冷藏蔬菜、蔬菜罐头、烘干蔬菜的钠含量只要不超过300 mg/100 g，即可标示低钠较健康选择标志；而在总糖含量≤12.5 mg/100 g的情况下，纯蔬菜汁可标示低糖的较健康选择标志。

表4-15　蔬菜制品的营养评价标准

蔬菜制品	脂肪（g/100 g）	饱和脂肪酸（g/100 g）	反式脂肪酸	钠（mg/100 g）	总糖（g/100 g）	添加糖（g/100 g）	适合的较健康选择标志
冷冻/冷藏蔬菜	0	0	0	≤300	0	0	低钠
蔬菜罐头	0	0	0	≤300	0	0	低钠
烘干蔬菜	0	0	0	≤300	0	0	低钠
纯蔬菜汁	0	0	0	≤120	≤12.5	0	低钠、低糖

资料来源：Healthy Foods and Dining Department, Obesity Prevention Management Division（2018）

关于蔬菜汁、腌制蔬菜等蔬菜制品的营养评价标准，心脏检查标志设定了总脂肪、饱和脂肪酸、反式脂肪酸、胆固醇、钠的最高含量以及脂肪热量最高比重，只要不高于表4-16的数值，则可标示心脏检查标志。

表4-16 心脏检查标志关于蔬菜制品的营养评价标准

食品	营养评价标准
蔬菜制品（蔬菜汁、腌制蔬菜等）	总脂肪≤13 g；饱和脂肪酸≤1 g；脂肪热量比重≤15%；反式脂肪酸≤0.5 g；胆固醇≤20 mg；钠≤140 mg

资料来源：American Heart Association（2020）。RACC是美国农业部的习惯使用参考量（Reference Amount Customarily Consumed）

见表4-17，选择标识对蔬菜及制品设置了营养评价标准，并将蔬菜分为新鲜蔬菜和加工蔬菜两类，其中，对新鲜蔬菜不设置评价标准，直接标示标签，而对加工或烘干蔬菜，则设置了饱和脂肪酸、反式脂肪酸、钠、总糖的最高含量以及膳食纤维的最低含量。

表4-17 选择标识关于蔬菜的营养评价标准

蔬菜	营养评价标准
新鲜蔬菜，如卷心菜、黄瓜，白菜、花椰菜、冷冻菠菜	无
加工或烘干蔬菜	饱和脂肪酸≤1.1 g/100 g；反式脂肪酸≤0.1 g/100 g；钠≤100 mg/100 g；添加糖：不添加；总糖量≤10.0 g/100 g 膳食纤维≥1.0 g/100 g

资料来源：Choices International Foundation（2014）

见表4-18，蔬菜制品标示指引星标签的营养评价标准既包括鼓励性营养成分，如维生素、矿物质、膳食纤维、全谷物、ω-3脂肪酸，又包括限制性营养成分，如饱和脂肪酸、反式脂肪酸、添加钠、添加糖等。

表4-18 指引星标签关于蔬菜制品的营养评价指标

食物	营养评价标准
蔬菜制品	维生素、矿物质、膳食纤维、全谷物、ω-3脂肪酸、饱和脂肪酸、反式脂肪酸、添加钠、添加糖等

资料来源：Guiding Stars Licensing Company（2021）

见表4-19，明智选择计划标签对不含任何添加剂的新鲜/冷冻/罐装/烘干的蔬菜进行直接标示，比上述选择标识的评价标准要宽松，但对含添加剂的蔬菜设置了营养评价标准，即考察限制性营养成分的最高含量以及是否含有1种以上鼓励性营养成分/食物组。

表4-19　明智选择计划关于蔬菜的营养评价标准

产品种类	营养评价标准
不含任何添加剂的新鲜/冷冻/罐装/烘干的蔬菜	无
含添加剂的蔬菜	考察限制性营养成分（如总脂肪、饱和脂肪酸、反式脂肪酸、添加糖、钠）的最高含量以及是否有1种以上鼓励性营养成分（如钙、钾、纤维、镁、维生素A、维生素C、维生素E）或者鼓励性食物组（如蔬菜和水果、全谷物）

资料来源：Lupton等（2010）

图4-5　迪肯大学在超市试点健康星级标签在新鲜蔬菜和水果的应用

图片来源：Mpconsulting（2019）

由于澳大利亚居民对水果和蔬菜的消费量普遍偏低，只有5.4%的澳大利亚人能达到《澳大利亚膳食指南》建议的每日摄入量。因此，健康星级标签对新鲜蔬菜直接标示5星评级（Health Star Rating System，2020），见图4-5，澳大利亚迪肯大学在超市售卖的新鲜蔬果标示5星健康星级标签。但对于干果蔬菜、果汁、加糖水果罐头、加盐蔬菜罐头，则根据一般食品的评级方法，对鼓励性营养成分/食物组（水果/蔬菜/坚果豆类、蛋白质、膳食纤维）与限制性营养成分（饱和脂肪酸、钠和糖）进行综合评级。而且，非新鲜蔬果的星级评价愈加严格，例如，蔬菜汁饮料（见表

4–20）的最高能量不超过90 kJ/100 mL，总糖含量不超过2.6 g/mL，水果/蔬菜/坚果豆类含量比重99%，在2019年之前为5星评级，但从2020年开始，降为4星评级。

表4–20 蔬菜饮料的营养评价与健康星级评分

蔬菜饮料	最高能量含量（kJ/100 mL）	最高总糖含量（g/100 mL）	含有水果/蔬菜/坚果豆类的比重（%）	当前健康星级评分	建议的健康星级评分
蔬菜汁	90	2.6	99	★★★★★	★★★★

资料来源：Mpconsulting（2019）

第四节 水果及制品的营养评价标准与应用

与蔬菜及制品一样，国外的Keyhole标签、较健康选择标志、心脏检查标志、选择标识、NuVal评分标签、指引星标签、明智选择计划标签、健康星级标签同样应用于水果及制品。新鲜水果可直接标示FOP标签，但对于水果制品（水果汁、水果罐头等），则主要考察总脂肪、饱和脂肪酸、反式脂肪酸、胆固醇、添加糖以及钠含量，有些还包括维生素、矿物质、膳食纤维、全谷物、ω–3脂肪酸等鼓励性营养成分。

图4–6 应用于新鲜水果的Keyhole标签

图片来源：Nordic Council of Ministers（2012）

Keyhole标签对包装或散装的新鲜水果直接进行标示，见图4–6，Keyhole标签可用于超市散装新鲜水果，一般标示在零售货架上。

除上述的“每天吃2+2份水果和蔬菜”较健康选择标志外，见表4-21，对于总糖含量≤12.5 g/100 g或100 mL的水果（至少60%水果汁），也可以标示无添加糖较健康选择标志；对于钠含量≤40mg/100 g或100 mL且总糖<6 g/100 g或100 mL的果汁饮料（至少10%的水果汁），则可标示低糖或无添加糖的较健康选择标志。

表4-21　较健康选择标志关于水果及制品的营养评价标准

水果及制品	脂肪（g/100 g或100 mL）	饱和脂肪酸（g/100 g或100 mL）	反式脂肪酸	钠（mg/100 g或100 mL）	总糖（g/100 g或100 mL）	添加糖（g/100 g或100 mL）	适合的较健康选择标志
新鲜水果	0	0	0	0	0	0	每天吃2+2份水果和蔬菜
水果（至少60%水果汁）	0	0	0	0	≤12.5	0	无添加糖
果汁饮料（至少10%的水果汁）	0	0	0	0	<6	0	低糖、无添加糖

资料来源：Healthy Foods and Dining Department, Obesity Prevention Management Division（2018）

见表4-22，心脏检查标志对水果制品设置了总脂肪、饱和脂肪酸、反式脂肪酸、胆固醇以及钠的最高含量，只要水果制品上述5种限制性营养成分都达到要求，则可标示心脏检查标志。

表4-22　心脏检查标志关于水果制品的营养评价标准

水果	营养评价标准
水果制品	总脂肪≤13 g；饱和脂肪酸≤1 g；反式脂肪酸<0.5 g；胆固醇≤20 mg；钠≤140 mg

资料来源：American Heart Association（2020）。RACC是美国农业部的习惯使用参考量（Reference Amount Customarily Consumed）

见表4-23，与新鲜蔬菜一样，新鲜水果可直接标示选择标识，但对于加工的水果，则要考虑饱和脂肪酸、反式脂肪酸、钠、总糖含量的最高限制，又要满足膳食纤维的最低要求。

表4-23 选择标识关于水果及制品的营养评价标准

水果	营养评价标准
新鲜的或新鲜冷冻水果	无
加工的水果	饱和脂肪酸≤1.1 g/100 g；反式脂肪酸≤ 0.1 g/100 g；钠≤100 mg/100 g；添加糖: 不添加；总糖量≤17.0 g/100 g；膳食纤维≥1.0 g/100 g

资料来源：Choices International Foundation（2014）

NuVal评分标签可应用于超市鲜切水果。见图4-7，该标签可从鼓励性营养成分、限制性营养成分、能量对鲜切水果进行评分，与健康星级标签不同的是，NuVal评分标签可能不对任何新鲜水果赋予100分，而是严格按照营养评价标准进行打分。

图4-7 可应用于鲜切水果的NuVal评分标签

指引星标签设置了水果及制品的营养评价标准，见表4-24，既有鼓励性营养成分（维生素、矿物质、膳食纤维、ω-3脂肪酸），又有限制性营养成分（饱和脂肪酸、反式脂肪酸、添加钠、添加糖）。需要说明的是，指引星标签认证的水果及制品还显示产品价格，见图4-8，新鲜香蕉获得三星评级，且每磅的价格为59美分。

表4-24 指引星标签关于水果的营养评价指标

食物	营养评价指标
水果制品	维生素、矿物质、膳食纤维、全谷物、ω-3脂肪酸、饱和脂肪酸、反式脂肪酸、添加钠、添加糖等

资料来源：Guiding Stars Licensing Company（2021）

Guiding Stars icons can be found on the shelf tags in the packaged food aisles

Guiding Stars icons can be found in the produce section

图4-8 显示香蕉价格的指引星标签

图片来源：Guiding Stars Licensing Company（2021）

同样，健康星级标签对新鲜水果实施5星评级，但在2019年后计划降低水果饮料的评级，见表4-25，对100%的椰子汁从5星级降为4星级，将70%的椰子汁从3星级降为2星级。

表4-25 健康星级标签关于水果饮料的健康星级评分

水果饮料	能量含量（kJ/100 mL）	总糖含量（g/100 mL)	有益的营养成分是水果/蔬菜/坚果豆类（%）	当前健康星级评分	建议的健康星级评分
椰子汁	136	5.8	100.0	★★★★★	★★★★
果汁	180	10.0	100.0	★★★★★	★★★☆
浓缩还原果汁	185	9.5	99.7	★★★★★	★★★
浓度65%的稀释果汁	152	1.8	65.0	★★★	★★☆
浓度46%的稀释果汁	95	3.8	46.0	★★☆	★★☆
椰子汁	141	7.0	70.0	★★★	★★
果汁饮料	153	8.7	25.0	★☆	☆

资料来源：Mpconsulting（2019）

同样，明智选择计划标签对不含任何添加剂的新鲜水果不设置营养评价标准，但对含添加剂的水果与100%的果汁进行设定（见表4-26），测度总脂肪、饱和脂肪酸、反式脂肪酸、钠、添加糖等限制性营养成分含量是否达标，以及是否有1种以上鼓励性营养成分/食物组符合营养评价标准。

表4-26 明智选择计划标签对水果及制品的营养评价标准

产品种类	营养评价标准
不含任何添加剂的新鲜/冷冻/罐装/烘干的水果	无
含添加剂的水果与100%的果汁	考察限制性营养成分（如总脂肪、饱和脂肪酸、反式脂肪酸、添加糖、钠）的最高含量以及是否有1种以上鼓励性营养成分（如钙、钾、纤维、镁、维生素A、维生素C、维生素E）或者鼓励性食物组（如蔬菜和水果、全谷物）

资料来源：Lupton等（2010）

第五节 坚果/种子的营养评价标准与应用

Keyhole标签、较健康选择标志、心脏检查标志、选择标识、指引星标签、明智选择计划标签等FOP标签都可应用于加工与非加工坚果/种子。大多数FOP标签没有对未加工坚果/种子与加工坚果/种子分别设计营养评价标准，而是较多地考察饱和脂肪酸、添加糖、添加盐/钠等限制性营养成分，以及膳食纤维、维生素、矿物质等鼓励性营养成分。

Keyhole标签仅对未加工坚果设立营养评价标准（见表4-27），即要求每100 g坚果的饱和脂肪酸含量不超过10g。

表4-27 坚果的营养评价标准

坚果	营养评价标准
未加工坚果	饱和脂肪酸含量≤10 g/100 g

资料来源：The National Food Agency's Code of Statutes（2015）

对于即食坚果（见表4–28），较健康选择标志仅对钠最高含量进行规定，如果每100 g即食坚果的钠含量不超过120 mg，即可标示较健康选择标志。

表4–28 较健康选择标志关于即食坚果的营养评价标准

坚果	脂肪（g/100 g）	反式脂肪酸	钠（mg/100 g）	添加糖（g/100 g）	适合的较健康选择标识
即食坚果	0	0	≤120	0	低钠

资料来源：Healthy Foods and Dining Department, Obesity Prevention Management Division（2018）

见表4–29，心脏检查标志设定了坚果饱和脂肪酸、反式脂肪酸、钠的最高含量，且规定维生素A、维生素C、铁、钙、蛋白质、膳食纤维其中至少一种达到每日摄入推荐量的10%及以上。

表4–29 心脏检查标志关于坚果的营养评价标准

食物	营养评价标准
坚果	饱和脂肪酸≤4 g/50 g；反式脂肪酸≤0.5 g/份；钠≤140 mg/份；维生素A、维生素C、铁、钙、蛋白质、膳食纤维至少一种达到每日摄入推荐量的10%及以上

资料来源：American Heart Association（2020）。RACC是美国农业部的习惯使用参考量（Reference Amount Customarily Consumed）

针对加工与非加工坚果与花生，选择标识设置了纯限制性营养成分的营养评价标准（见表4–30），对饱和脂肪酸、反式脂肪酸、钠、添加糖、总糖设置了最高含量限制。

表4–30 坚果产品的营养评价标准

坚果	营养评价标准
加工与非加工坚果（腰果、杏仁、核桃、椰子、山核桃，开心果及其烤坚果）、花生	饱和脂肪酸≤8.0 g/100 g；反式脂肪酸≤0.1 g/100 g；钠≤100 mg/100 g；添加糖：不添加；总糖≤7.5 g/100 g

资料来源：Choices International Foundation（2014）

指引星标签确定了坚果的营养评价标准，见表4–31，既有鼓励性营养成分（维生素、矿物质、纤维、ω–3脂肪酸），又有限制性营养成分（饱和脂肪酸、反式脂肪酸、添加钠、添加糖）。

表4–31　指引星标签关于坚果的营养评价指标

食物	营养评价标准
坚果	维生素、矿物质、纤维、ω–3脂肪酸、饱和脂肪酸、反式脂肪酸、添加钠、添加糖

资料来源：Guiding Stars Licensing Company（2021）

明智选择计划标签为坚果设定了专门的营养评价标准，考察限制性营养成分（饱和脂肪酸、添加糖、钠）与鼓励性营养成分（如钙、钾、纤维、镁、维生素A、维生素C、维生素E）含量。如表4–32所示，坚果的饱和脂肪酸、添加糖和钠的含量不应超过1 g、总能量的25%以及480 mg/每份，且钙、钾、膳食纤维、镁、维生素A、维生素C、维生素E至少一种鼓励性营养成分达到每日推荐摄入量的10%及以上。

表4–32　明智选择计划标签关于坚果的营养评价标准

营养素	营养评价指标	特殊情况
饱和脂肪酸	每份食品的饱和脂肪酸不超过1 g	但含有的饱和脂肪酸含量低于不饱和脂肪酸比重的28%
添加糖	不超过总能量的25%	无
钠	每份不超过480 mg	无
钙	至少一种达到每日推荐摄入量10%及以上	无
钾		
膳食纤维		
镁		
维生素A		
维生素C		
维生素E		

资料来源：Lupton等（2010）

第六节　纯素食食谱的营养评价标准与应用

虽然Keyhole标签、较健康选择标志、心脏检查标志、选择标识、指引星标签都可应用于食谱，但仅有心脏检查标志和指引星标签较多列举了营养评价标准与认证的纯素食食谱。

一、心脏检查标志认证的纯素食食谱及其评价标准

为了让美国人居家烹饪有益心脏的食谱，心脏检查标志从开胃菜、小吃、甜点、主菜、沙拉、配菜和汤等类别对纯素食食谱进行认证，要求食材符合营养评价标准，见表4-33，心脏检查标志将从能量以及饱和脂肪酸、反式脂肪酸、添加糖、钠4种限制性营养成分对三类食谱（第一类是开胃菜、沙拉、配菜、松饼/快速面包和酵母面包；第二类是主菜、沙拉、汤；第三类是甜点）设置了最高含量。心脏检查标志认证的食谱每月更新两次，以PDF格式发布，详情可见心脏检查标志官方网站https://www.heartcheckmark.org。截至2020年12月，认证的纯素食食谱有菠菜配柑橘汁（开胃菜）、南瓜面条（主菜）、鳄梨石锅拌饭（主菜）、土豆配辣椒和洋葱（主菜）、香蕉隔夜燕麦（早餐谷物产品）、梨配核桃（甜点）、巧克力牛油果能量棒（甜点）、牛油果和烤蔬菜馅饼（小吃）、牛油果香蕉煎饼（小吃）、菠菜和芒果沙拉（沙拉）、马铃薯碎早餐沙拉（沙拉）、土豆汤（汤类）。

表4-33　心脏检查标志关于纯素食食谱的营养评价标准（每份）

	开胃菜、沙拉、配菜、松饼/快速面包和酵母面包	主菜、沙拉、汤	甜点
能量	≤250cal	≤500cal	≤200cal
饱和脂肪酸	非肉类/鱼类/海鲜≤2g	≤3.5g	≤2.0g
反式脂肪酸	＜0.5g反式脂肪酸，不含部分氢化油（PHOs）或含有PHOs的成分产品	＜0.5g反式脂肪酸，不含部分氢化油（PHOs）或含有PHOs的成分产品	＜0.5g反式脂肪酸，不含部分氢化油（PHOs）或含有PHOs的成分产品

续表

	开胃菜、沙拉、配菜、松饼/快速面包和酵母面包	主菜、沙拉、汤	甜点
钠	≤ 240 mg	≤600 mg	≤240 mg
添加糖	≤2茶匙	≤2茶匙	≤2茶匙

资料来源：American Heart Association（2020）

二、指引星标签认证的纯素食食谱与评级

指引星认证企业对主菜、早餐、小吃、汤、沙拉、饮料、甜点等1200多种菜品开展认证，其中专门推出适合素食主义者的认证菜谱，从官方网站https://guidingstars.com/dish/vegan-vegetarian-2/可查询到认证菜品，并显示菜品名称、食材与分量、烹饪方法、星级评价以及美国营养事实标签等内容。见表4-34，纯素食食谱（食材中不含肉蛋奶以及蜂蜜等动物性食物）的主菜类、早餐类、小吃类、汤类、沙拉类、饮料类、甜点类分别有6种、3种、8种、1种、6种、3种、7种。纯素食主菜类包括面食、炒菜，烹饪方法以炒、煮为主，所用的食材尤其是调味品较多，指引星评级以两颗星居多；早餐类以煮燕麦片为主，3星认证的有苹果酱燕麦片与可可粉燕麦片，其特点是食材少且健康；小吃类分别有饼与薯条，烹饪方式多样，有炸、煮、烤等，对于食材少且以煮的烹饪方式，均为3星评级；对于汤类，摩洛哥番茄汤由于添加红糖以及含盐酱料较多，被评为1星级；沙拉方面，以拌为主，除了黑莓柠檬沙拉为3星级，其他均为1～2星级；饮料方面，100%纯果汁的桃子、草莓、菠萝含有的水果较多，被评为3星级；甜点方面，有卷、拌、炖、烤、煮等烹饪方法，其中，草莓鳄梨、椰子汁浆果冰棒、树莓苹果酱的食材为纯水果，添加物较少，均被评为3星级。

表4-34　指引星标签认证的纯素食食谱

纯素食菜品	菜品类别	食材	烹饪方法	评级
土豆咖喱	主菜类	盐、孜然、姜、甜胡椒、菜籽油、洋葱、大蒜、土豆、甜椒、椰汁、香菜	煮	1星级
印度芒果木豆	主菜类	黄扁豆、姜黄、盐、菜籽油、孜然、洋葱、大蒜、鲜姜、香菜、辣椒、芒果、香菜	拌	2星级
咖喱蔬菜捞面	主菜类	捞面、菜籽油、姜片、大蒜、咖喱粉、红糖、低钠蔬菜汤、胡萝卜、甜椒、香菇、豆芽、烤芝麻油、低盐酱油	煮	2星级
咖喱豆腐	主菜类	植物油、豆腐、椰汁、咖喱粉、盐	煮	2星级
红芸豆	主菜类	植物油、孜然、姜、大蒜酱、红洋葱、西红柿、胡椒籽马沙拉、香菜、红芸豆	煮	2星级
豆腐炒青菜	主菜类	橄榄油、豆腐、大蒜粉、姜、孜然、盐、胡椒粉、菠菜	炒	2星级
热带旋风燕麦片	早餐类	椰汁、芒果、生姜、小豆蔻、糖、开心果、可可豆瓣	煮	1星级
苹果酱燕麦片	早餐类	燕麦片、盐、无糖苹果酱、肉桂	煮	3星级
可可粉燕麦片	早餐类	枣、燕麦片、可可、盐	煮	3星级
坦佩培根（豆制品）	小吃类	枫糖浆、橄榄油、辣椒粉、酱油、黑胡椒粉、豆豉	炸	2星级
自制炸薯条	小吃类	菜籽油、土豆、葱、红辣椒、芥末、盐、胡椒粉	炸	2星级
南瓜圣人松饼	小吃类	全麦面粉、燕麦片、盐、鼠尾草、南瓜泥、橄榄油、苹果醋	烤	2星级
红薯、玉米和黑豆	小吃类	菜籽油、洋葱、甘薯、大蒜、辣椒、孜然、盐、玉米、黑豆、香菜、胡椒粉调味、酸橙	煮	2星级
素食豆腐饼	小吃类	土豆、橄榄油、盐、胡椒、韭菜、樱桃番茄、西蓝花、大蒜、豆腐、鹰嘴豆泥	烤	2星级
南瓜饼	小吃类	南瓜、香蕉、全麦面粉、亚麻籽、肉桂、肉豆蔻	煮	3星级
香蕉葡萄干松饼	小吃类	全麦面粉、燕麦麸、盐、葡萄干、香蕉泥、无糖苹果汁	煮	3星级
香草爆米花	小吃类	橄榄油、百里香、碎红辣椒片、爆米花仁、营养酵母	煮	3星级
摩洛哥番茄汤	汤类	橄榄油、洋葱、红糖、辣椒粉、孜然、胡椒、盐、肉桂、番茄酱、红扁豆、花生酱	炖	1星级
西瓜沙拉	沙拉类	无籽西瓜、红洋葱、香醋、薄荷、胡椒、盐	拌	1星级

续表

纯素食菜品	菜品类别	食材	烹饪方法	评级
油桃沙拉	沙拉类	油桃、绿洋葱、莳萝、橄榄油、白醋、盐、胡椒、开心果	拌	2星级
柠檬烤土豆沙拉	沙拉类	土豆、橄榄油、洋葱、红甜椒、香葱、酸豆、盐、胡椒	拌、烤	2星级
西南米饭沙拉	沙拉类	糙米、啤酒、辣椒、黑豆、酸橙汁、牛油果	拌	2星级
水果沙拉	沙拉类	苹果、梨、柠檬汁、绿葡萄、白葡萄汁	拌	2星级
黑莓柠檬沙拉	沙拉类	柠檬汁、红酒醋、菜籽油、芝麻、盐、胡椒、黑莓、柠檬皮、混合蔬菜	拌	3星级
热/冷饮印度冰沙	饮料类	无盐腰果、核枣、肉桂、香草、姜、小豆蔻	拌	1星级
新鲜无花果椰枣汁	饮料类	无花果、橙汁、椰汁	拌	2星级
桃子、草莓和菠萝汁	饮料类	香蕉、草莓、芒果、蔓越莓汁	拌	3星级
花生酱水果卷	甜点类	全麦玉米饼、花生酱、苹果、葡萄干	卷	2星级
桃酱	甜点类	桃子、苹果汁、肉桂	拌	2星级
苹果泥	甜点类	青苹果、橙汁、葡萄干、黄油、玉米淀粉	炖	2星级
水果派	甜点类	新鲜或冷冻水果或浆果、糖、全麦面粉、橙汁、燕麦片、全麦面粉、杏仁、红糖、肉桂、菜籽油	烤	2星级
草莓鳄梨	甜点类	草莓、鳄梨、洋葱、香菜、柠檬皮、酸橙汁、胡椒粉	拌	3星级
椰子汁浆果冰棒	甜点类	浆果、椰子汁、柠檬皮调味	煮	3星级
树莓苹果酱	甜点类	苹果、柠檬汁、肉桂、姜、树莓	炖	3星级

数据来源：https://guidingstars.com/dish/vegan-vegetarian-2/

第七节　本章小结

本章节致力于分析FOP标签在谷物及制品、薯豆类及制品、水果及制品、坚果/种子等植物性食物以及纯素食食谱的应用。天然或新鲜的植物性食物，如蔬菜、水果可直接标示FOP标签，而面粉、大米仅考量膳食纤维含量；加工的植物性食物种类丰富，大多数FOP标签对加工食品分门别类地设计营养评价标准，以考量脂肪、饱和脂肪酸、反式脂肪酸、添加糖、添加盐等限制性营养成分含量为主，考察蛋白质、矿物质、纤维素等鼓励性营养成分含量为辅。心脏检查标志和指引星标签可应用于纯素食食谱，基于食材的营养成分与烹饪方式开展认证与评级，为植物性饮食者推荐营养健康食谱。

第五章

我国居民的植物性饮食实践与认知

从本章开始，基于全国代表性的5省城乡居民实地调查数据，首先了解样本基本特征以及植物性饮食的采取与认知情况，然后利用卡方检验（χ^2检验）探讨样本个人属性下植物性饮食实践与认知的相关性。

第一节　数据来源与样本分布特征

一直以来，我国比较缺乏居民植物性饮食一手调查数据。为了解居民的植物性饮食现状与认知，本书作者基于文献梳理与专家咨询，围绕实践与认知共设计了6个选择题，分别为："您认为植物性饮食是否健康？""您认为植物性饮食是否要大力提倡？""如果认为值得提倡，那么，通过营养标签提醒或者引导居民开展植物性饮食，是否有必要？""您目前的饮食方式是植物性饮食吗？""如果选择是，您选择植物性饮食的原因主要是什么？""您在植物性饮食中摄入最多的植物性食物是哪类？"除此之外，调查问卷还设计了居民个人与家庭情况基本题项（见本书附录）。

为获得有代表性的居民调查样本，本书作者委托德州农业科学研究院、河南科技学院、陕西师范大学、吉林农业科技学院、韩山师范学院于2021年5—7月分别在山东、河南、陕西、吉林、广东5省开展分层随机抽样调查，通过走访社区、学校、农村，将面对面访谈式问卷调查与自填式问卷调查相结合，共发放和收集问卷1462份，通过严格筛选获得有效问卷1108份，有效率达75.79%。

样本的地区分布均匀合理，具有代表性，来自山东、河南、陕西、吉林、广东5省的有效样本量分别为209份、240份、230份、186份、243份。

在1108个受调查样本中（见表5-1），男女人数相近，均为550人，而且各个年龄段的人数比例相当，未成年人（＜18周岁）、青年人（18～44周岁）、中年人（45～59周岁）、老年人（≥60周岁）分别为22.20%、28.16%、23.29%、26.35%，差距不大。已婚与未婚人群占绝大多数，其中已婚比例近60%，未婚比例近40%。受教育程度方面，整体样本分布符合我国的学历结构，占比较高的是高中/职专学历（28.52%）与初中学历（25.72%）。家庭收入方面，受访者普遍在10万元以下，尤以5万～10万元居多（39.08%），比较符合我国当前的家庭收入情况。受访者以胖瘦适中，身体健康（BMI为18.5～24）居多，约580人，占52.62%；第二多是超重人群（BMI为24～28），占28.25%；肥胖（BMI≥28）的人数最少，约70人，占6.41%。城镇居民与农村居民的比例为5.7∶4.3，与我国城镇化率相符。职业状况方面，受调查者多数已参加工作，约占35%，其次是在读学生，占32%，而失业/待业与退休的人数较少。

表5-1　样本特征分析

变量	分类	样本量	比例%
性别	男	550	49.64
	女	558	50.36
年龄	＜18周岁	246	22.20
	18～44周岁	312	28.16
	45～59周岁	258	23.29
	≥60周岁	292	26.35
婚姻状况	已婚	650	58.66
	未婚	402	36.28
	丧偶	44	3.97
	离异	12	1.08

续表

变量	分类	样本量	比例%
受教育程度	小学及以下	209	18.86
	初中	285	25.72
	高中/职专	316	28.52
	大学	241	21.75
	研究生及以上	57	5.14
家庭年收入（税后）	1万元以下	154	13.90
	1万～5万元	311	28.07
	5万～10万元	433	39.08
	10万～15万元	128	11.55
	15万～20万元	47	4.24
	20万元以上	35	3.16
BMI	<18.5	141	12.73
	18.5～24	583	52.62
	24～28	313	28.25
	≥28	71	6.41
户籍	城镇居民	631	56.95
	农村居民	477	43.05
职业状况	已参加工作	387	34.93
	失业/待业	176	15.88
	退休	190	17.15
	学生在读	355	32.04

数据来源：调查数据整理。备注：居民的年龄是根据<18岁、18～44岁、45～59岁、≥60岁分别为未成年人、青年人、中年人、老年人划分。BMI为身体质量指数（Body Mass Index），BMI=体重（kg）/ 身高（m^2）；本书采用原卫生部《中国成人超重和肥胖症预防控制指南》的划分标准，即BMI<18.5kg/m^2、18.5kg/m^2≤BMI<24kg/m^2、24kg/m^2≤BMI<28kg/m^2、BMI≥28kg/m^2分别表示消瘦、正常、超重与肥胖

第二节　我国居民采取植物性饮食的认知与特征

一、居民采取植物性饮食的现状

见图5-1，虽然植物性饮食作为一种特殊的饮食方式，但在调查中发现，已有一些居民接受并正在尝试植物性饮食，在1108名受访者中，有470名受访者采取该饮食方式，占42.42%。

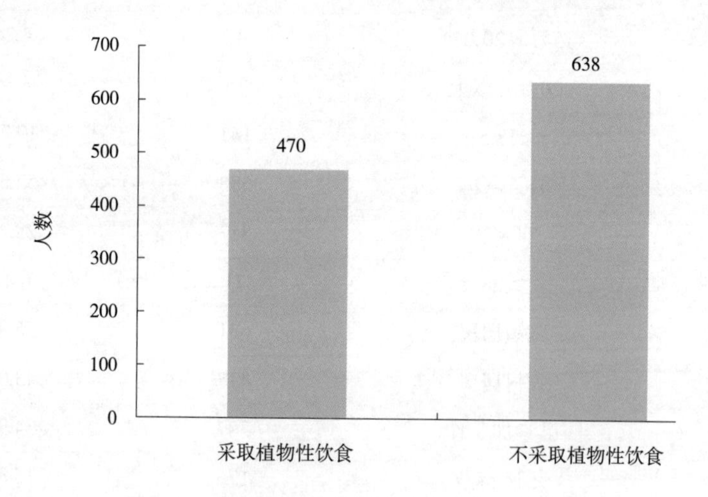

图5-1　我国受访居民采取植物性饮食的情况

数据来源：调查数据整理

如图5-2所示，在470名植物性饮食者中，出于营养健康目的的人数最多，达到263人，占55.96%；其次是饮食习惯缘故，一些受访者能接受植物性食物的风味与质感，人数为175人，占37.23%；而宗教信仰、经济收入有限等原因均非主要因素，比例小于5%。

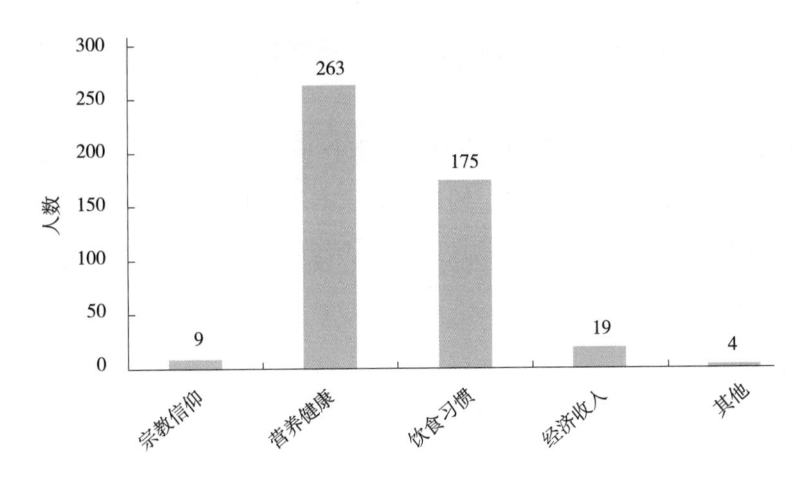

图5-2 受访居民采取植物性饮食的原因

数据来源：调查数据整理

在受访的470名植物性饮食者中（见图5-3），细粮、杂粮、薯豆类、蔬菜类、水果类、其他植物性食物均有被消费，其中，蔬菜类是日常摄入最多的食物，达到209人，占44.447%，其次是细粮（92人，19.57%）、杂粮（84人，17.87%）、水果类（44人，9.36%）。

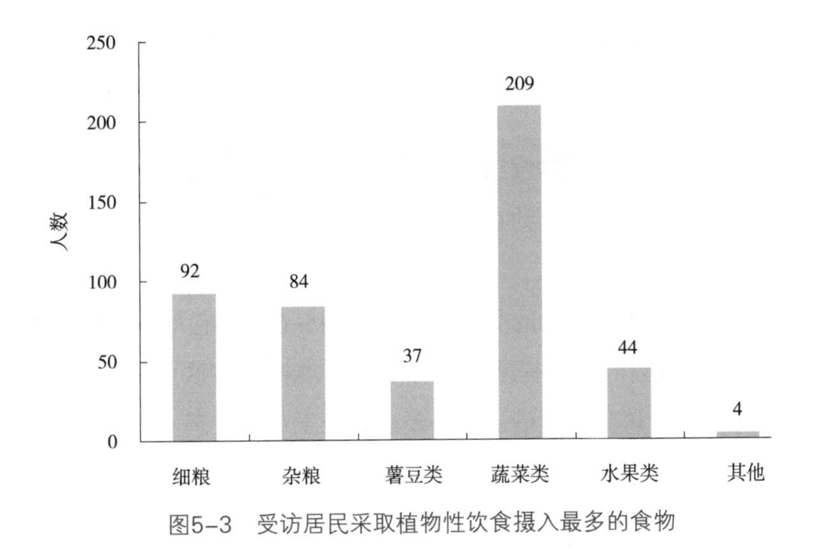

图5-3 受访居民采取植物性饮食摄入最多的食物

数据来源：调查数据整理

二、居民植物性饮食健康认知与支持态度情况

见图5-4，在受访的1108个居民中，超过6成的居民，共计672人认为植物性饮食模式是健康的膳食模式，约10%的样本不认可植物性饮食的健康性，还有近3成的居民至今不了解植物性饮食是否健康。

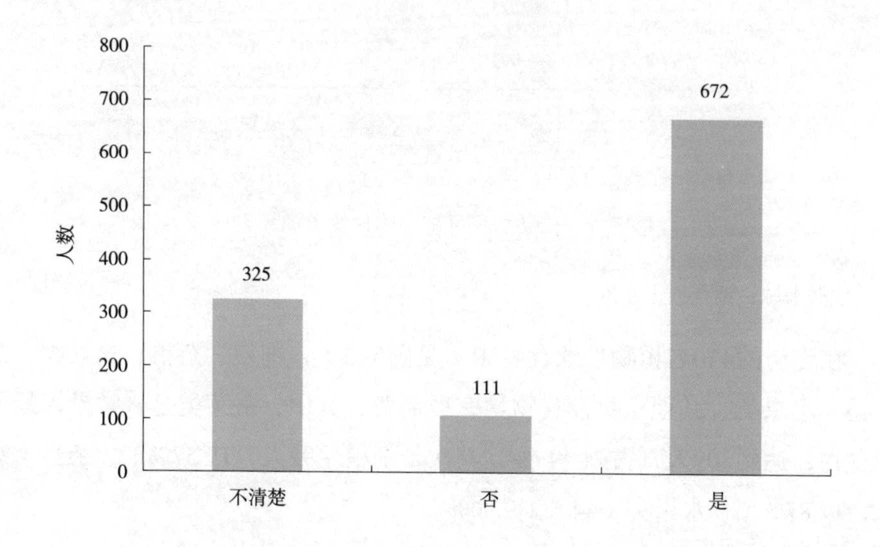

图5-4　受访居民对植物性饮食的健康认知

数据来源：调查数据整理

如图5-5所示，认为植物性饮食需要大力提倡，并在社会推广的人数最多（572人），占比超过50%，约14%的受访者不倡导植物性饮食。然而，还有381人（约35%）对此不表态。

在572名提倡植物性饮食的受访者中（见图5-6），绝大多数人（486人，84.97%）认为通过营养标签提醒或引导居民开展植物性饮食很有必要，仅分别有7.52%的受访者认为此举措没有必要或者处于观望状态。

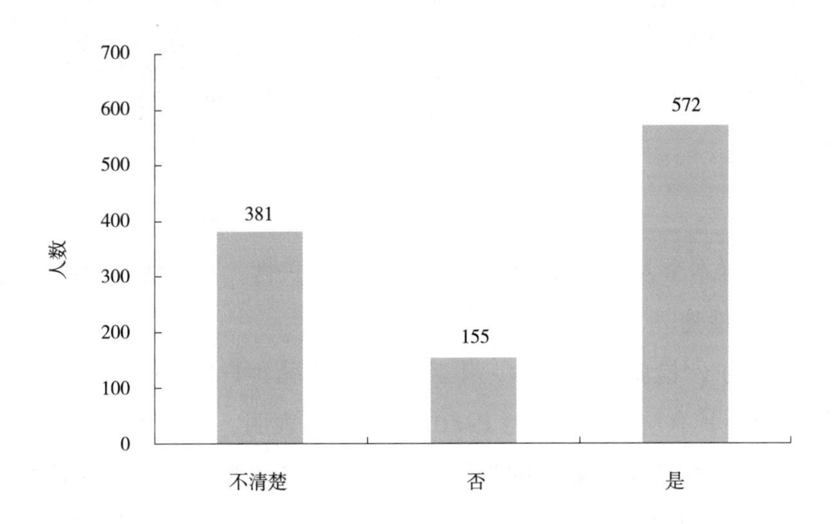

图5-5 受访居民对大力提倡植物性饮食的态度

数据来源：调查数据整理

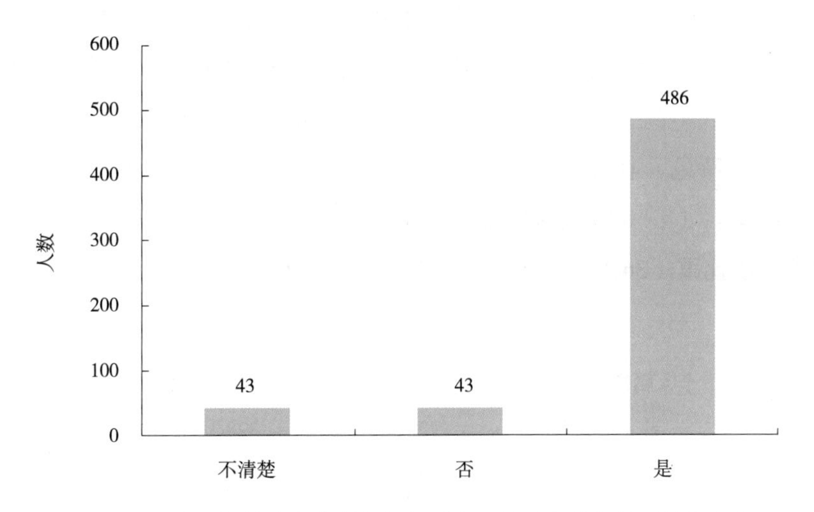

图5-6 认为植物性饮食值得提倡的受访居民对营养标签引导的态度

数据来源：调查数据整理

第三节　样本个人属性与选择植物性饮食的相关性分析

为分析样本个人属性与植物性饮食行为的相关性，本书利用Stata16.0统计软件开展χ^2检验。

表5-2的χ^2检验结果显示，年龄、婚姻状况、户籍、所在省份、职业状况6个属性具有统计学意义（P＜0. 05），这表明，不同年龄段、婚姻状况、户籍、所在省份、职业的受访居民在植物性饮食的选择方面存在显著性差异。（1）植物性饮食倾向于中老年化。中年人（45~59周岁）、老年人（≥60周岁）在日常生活中采用植物性饮食的人数比未成年人（＜18周岁）、青年人（18~44周岁）多，反映了人到中老年，身体的代谢功能明显下降，越来越多的中老年人改变饮食习惯，选择植物性饮食。（2）植物性饮食以农村居民为主。农村居民选择植物性饮食的比重（50.43%）稍高于城镇居民，但非植物性饮食方面（37.62%）远低于城镇居民，这可能与宗教信仰、经济收入不高有关。（3）植物性饮食以陕西居民居多，植物性饮食具有些许地域特色，在受访的5省居民中，陕西人选择植物性饮食的比重最高（24.26%）。（4）植物性饮食者大多已参加工作。已参加工作的人群在植物性饮食中的比重（36.17%）均高于其他3类职业状况。

表5-2　个人属性在植物性饮食选择的差异性

个人属性		是[n（%）]	否[n（%）]	χ^2	P值
性别	男（n=550）	222（47.23）	328（51.41）	1.889	0.169
	女（n=558）	248（52.77）	310（48.59）		
年龄	＜18周岁（n=246）	90（19.15）	156（24.45）	16.193	0.001
	18~44周岁（n=312）	115（24.47）	197（30.88）		
	45~59周岁（n=258）	131（27.87）	127（19.91）		
	≥60周岁（n=292）	134（28.51）	158（24.76）		

续表

个人属性		是[n（%）]	否[n（%）]	χ^2	P值
婚姻状况	已婚（n=650）	305（64.89）	345（54.08）	13.561	0.004
	未婚（n=402）	143（30.43）	259（40.60）		
	丧偶（n=44）	18（3.83）	26（4.08）		
	离异（n=12）	4（0.85）	8（1.25）		
受教育程度	小学及以下（n=209）	91（19.36）	118（18.50）	4.575	0.334
	初中（n=285）	134（28.51）	151（23.67）		
	高中/职专（n=316）	130（27.66）	186（29.15）		
	大学（n=650）	93（19.79）	148（23.20）		
	研究生及以上（n=241）	22（4.68）	35（5.49）		
家庭年收入（税后）	1万元以下（n=154）	77（16.38）	77（12.07）	10.731	0.057
	1万～5万元（n=311）	140（29.79）	171（26.80）		
	5万～10万元（n=433）	172（36.60）	261（40.91）		
	10万～15万元（n=128）	50（10.64）	78（12.23）		
	15万～20万元（n=47）	22（4.68）	25（3.92）		
	20万元以上（n=35）	9（1.91）	26（4.08）		
BMI	＜18.5（n=141）	49（10.43）	92（14.42）	4.713	0.194
	18.5～24（n=583）	247（52.55）	336（52.66）		
	24～28（n=313）	142（30.21）	171（26.80）		
	≥28（n=71）	32（6.81）	39（6.11）		
户籍	城镇居民（n=631）	233（49.57）	398（62.38）	18.108	0.000
	农村居民（n=477）	237（50.43）	240（37.62）		
所在省份	陕西（n=230）	114（24.26）	116（18.18）	18.523	0.001
	山东（n=209）	90（19.15）	119（18.65）		
	广东（n=243）	101（21.49）	142（22.26）		
	河南（n=240）	76（16.17）	164（25.71）		
	吉林（n=186）	89（18.94）	97（15.20）		
职业状况	已参加工作（n=387）	170（36.17）	217（34.01）	12.305	0.006
	失业/待业（n=176）	85（18.09）	91（14.26）		
	退休（n=190）	90（19.15）	100（15.67）		
	学生在读（n=355）	125（26.60）	230（36.05）		

如表5-3所示，性别、婚姻状况、受教育程度、BMI的P值大于0.5，不具有统计学意义，而在选择植物性饮食的470人中，植物性饮食选择原因在年龄、家庭年收入（税后）、户籍、所在省份、职业状况等属性具有显著差异性。（1）老年人出于饮食习惯选择植物性饮食，而中青年为了营养健康。营养健康与饮食习惯是受访者选择植物性饮食的主要原因，但具有年龄段特征，青年（18～44周岁）和中年（45～59周岁）较多基于营养健康考虑，而一些老年人（≥60周岁）长期保持全素饮食习惯。（2）城镇居民基于营养健康目的，而农村居民由于饮食习惯。在营养健康因素方面，城镇居民的比重（56.27%）略高于农村居民，而在饮食习惯方面，农村居民比重（61.71%）明显高于城镇居民。（3）广东居民因营养健康选择，而陕西居民具有相关饮食习惯。营养健康因素当中，广东受访者的比重最高（24.71%），而在饮食习惯方面，陕西居民的比重最高（26.29%）。

表5-3　个人属性在植物性饮食选择原因的差异性

个人属性		宗教信仰 [n（%）]	营养健康 [n（%）]	饮食习惯 [n（%）]	经济收入有限 [n（%）]	其他 [n（%）]	χ^2	P值
性别	男（n=222）	6（66.67）	127（48.29）	78（44.57）	11（57.89）	0（0）	6.426	0.170
	女（n=248）	3（33.33）	136（51.71）	97（55.43）	8（42.11）	4（100）		
年龄	＜18周岁（n=90）	4（44.44）	58（22.05）	23（13.14）	3（15.79）	2（50.00）	30.057	0.003
	18～44周岁（n=115）	1（11.11）	74（28.14）	36（20.57）	3（15.79）	1（25.00）		
	45～59周岁（n=131）	0（0）	72（27.38）	49（28.00）	9（47.37）	1（25.00）		
	≥60周岁（n=134）	4（44.44）	59（22.43）	67（38.29）	4（21.05）	0（0）		
婚姻状况	已婚（n=305）	4（44.44）	160（60.84）	127（72.57）	13（68.42）	1（25.00）	18.946	0.090
	未婚（n=143）	5（55.56）	90（34.22）	40（22.86）	5（26.32）	3（75.00）		
	丧偶（n=18）	0（0）	11（4.18）	7（4.00）	0（0）	0（0）		

续表

个人属性		宗教信仰[n（%）]	营养健康[n（%）]	饮食习惯[n（%）]	经济收入有限[n（%）]	其他[n（%）]	χ^2	P值
婚姻状况	离异（n=4）	0（0）	2（0.76）	1（0.57）	1（5.26）	0（0）	18.946	0.090
受教育程度	小学及以下（n=91）	3（33.33）	42（15.97）	42（24.00）	4（21.05）	0（0）	18.104	0.318
	初中（n=134）	2（22.22）	66（25.10）	56（32.00）	9（47.37）	1（25.00）		
	高中/职专（n=130）	3（33.33）	81（30.80）	40（22.86）	4（21.05）	2（50.00）		
	大学（n=93）	1（11.11）	59（22.43）	30（17.14）	2（10.53）	1（25.00）		
	研究生及以上（n=22）	0（0）	15（5.70）	7（4.00）	0（0）	0（0）		
家庭年收入（税后）	1万元以下（n=77）	2（22.22）	35（13.31）	37（21.14）	2（10.53）	1（25.00）	42.871	0.002
	1万～5万元（n=140）	1（11.11）	74（28.14）	54（30.86）	11（57.89）	0（0）		
	5万～10万元（n=172）	4（44.44）	102（38.78）	60（34.29）	5（26.32）	1（25.00）		
	10万～15万元（n=50）	1（11.11）	36（13.69）	12（6.86）	1（5.26）	0（0）		
	15万～20万元（n=22）	0（0）	11（4.18）	9（5.14）	0（0）	2（50）		
	20万元以上（n=9）	1（11.11）	5（1.90）	3（1.71）	0（0）	0（0）		
BMI	＜18.5（n=49）	2（22.22）	27（10.27）	20（11.43）	0（0）	0（0）	12.098	0.438
	18.5～24（n=247）	6（66.67）	132（50.19）	93（53.14）	14（73.68）	2（50.00）		
	24～28（n=142）	1（11.11）	81（30.80）	53（30.29）	5（26.32）	2（50.00）		
	≥28（n=32）	0（0）	23（8.75）	9（5.14）	0（0）	32（6.82）		

续表

个人属性		宗教信仰[n（%）]	营养健康[n（%）]	饮食习惯[n（%）]	经济收入有限[n（%）]	其他[n（%）]	χ^2	P值
户籍	城镇居民（n=237）	7（77.78）	148（56.27）	67（38.29）	8（42.11）	3（75.00）	17.965	0.001
	农村居民（n=233）	2（25.00）	115（43.73）	108（61.71）	11（57.89）	1（25.00）		
所在省份	陕西（n=114）	1（11.11）	57（21.67）	46（26.29）	7（36.84）	3（75.00）	34.772	0.004
	山东（n=90）	1（11.11）	52（19.77）	29（16.57）	8（42.11）	0（0）		
	广东（n=101）	5（55.56）	65（24.71）	28（16.00）	3（15.79）	0（0）		
	河南（n=76）	1（11.11）	46（17.49）	28（16.00）	1（5.26）	0（0）		
	吉林（n=89）	1（11.11）	43（16.35）	44（25.14）	0（0）	1（25.00）		
职业状况	已参加工作（n=170）	0（0）	105（39.92）	58（33.14）	7（36.84）	0（0）	32.915	0.001
	失业/待业（n=85）	1（11.11）	40（15.21）	36（20.57）	7（36.84）	1（25.00）		
	退休（n=90）	3（33.33）	39（14.83）	46（26.29）	2（10.53）	0（0）		
	学生在读（n=125）	5（55.56）	79（30.04）	35（20.00）	3（15.79）	3（75.00）		

在470个植物性饮食者中（见表5-4），年龄、受教育程度、家庭年收入（税后）、户籍、所在省份、职业状况6个属性具有统计学意义（$P<0.05$），在日常生活中摄入最多的植物性食物具有显著的差异性。（1）中老年人较多摄入谷薯豆类，摄入蔬果类的人群比较年轻。最多摄入细粮、杂粮和薯豆类的年龄段是中年人（45～59周岁）和老年人（≥60周岁），而青年人（18～44周岁）、未成年人（＜18周岁）最多摄入的食物分别是蔬菜类和水果类。（2）受教育程度高的人群倾向于少吃细粮，多吃蔬菜。受教育程度越

高，选择面条、大米等细粮的比重逐渐减少，而选择摄入蔬菜的比重增加。（3）农村居民较多选择谷物类，而城镇居民选择蔬果类。在最多摄入粗细粮的人群中，农村居民的比重均高于城镇居民，但在蔬菜和水果类，反而明显低于城镇居民。（4）陕西居民倾向于吃细粮，而广东人热衷于吃蔬菜。最多摄入细粮的受访者来自陕西（46.74%），而最多摄入蔬菜的人群中，来自广东的受访者居多（29.67%）。（5）上班族较多选择吃杂粮、薯豆类与蔬菜。相比其他职业状态的人群，已参加工作的居民在摄入杂粮、薯豆类、蔬菜类方面所占有的比重最大。

表5-4 个人属性在植物性饮食中摄入最多食物的差异性

个人属性		细粮 [n（%）]	杂粮 [n（%）]	薯豆类 [n（%）]	蔬菜类 [n（%）]	水果类 [n（%）]	其他 [n（%）]	χ^2	P值
性别	男（n=222）	45（48.91）	40（47.62）	18（48.65）	91（43.54）	25（56.82）	3（75.00）	4.142	0.529
	女（n=248）	47（51.09）	44（52.38）	19（51.35）	118（56.46）	19（43.18）	1（25.00）		
年龄	<18周岁（n=90）	11（11.96）	13（15.48）	11（29.73）	38（18.18）	15（34.09）	2（50.00）	46.839	0.000
	18～44周岁（n=115）	15（16.30）	17（20.24）	8（21.62）	65（31.10）	10（22.73）	0（0）		
	45～59周岁（n=131）	21（22.83）	27（32.14）	6（16.22）	62（29.67）	14（31.82）	1（25.00）		
	≥60周岁（n=134）	45（48.91）	27（32.14）	12（32.43）	44（21.05）	5（11.36）	1（25.00）		
婚姻状况	已婚（n=305）	69（75.00）	59（70.24）	22（59.46）	129（61.72）	24（54.55）	2（50.00）	22.307	0.100
	未婚（n=143）	16（17.39）	19（22.62）	14（37.84）	72（34.45）	20（45.45）	2（50.00）		
	丧偶（n=18）	5（5.43）	5（5.95）	1（2.70）	7（3.35）	0（0）	0（0）		
	离异（n=4）	2（2.17）	1（1.19）	0（0）	1（0.48）	0（0）	0（0）		

续表

个人属性		细粮 [n（%）]	杂粮 [n（%）]	薯豆类 [n（%）]	蔬菜类 [n（%）]	水果类 [n（%）]	其他 [n（%）]	χ^2	P值
受教育程度	小学及以下（n=97）	24（26.09）	24（28.57）	9（24.32）	29（13.88）	4（9.09）	1（25.00）	33.873	0.027
	初中（n=140）	28（30.43）	27（32.14）	9（24.32）	57（27.27）	13（29.55）	0（0）		
	高中/职专（n=132）	27（29.35）	14（16.67）	13（35.14）	61（29.19）	14（31.82）	1（25.00）		
	大学（n=104）	11（11.96）	13（15.48）	6（16.22）	52（24.88）	10（22.73）	1（25.00）		
	研究生及以上（n=25）	2（2.17）	6（7.14）	0（0）	10（4.78）	3（6.82）	1（25.00）		
家庭年收入（税后）	1万元以下（n=154）	25（27.17）	20（23.81）	2（5.41）	26（12.44）	4（9.09）	0（0.00）	44.384	0.010
	1万～5万元（n=311）	29（31.52）	22（26.19）	15（40.54）	60（28.71）	13（29.55）	1（25.00）		
	5万～10万元（n=433）	20（21.74）	31（36.90）	13（35.14）	88（42.11）	20（45.45）	0（0）		
	10万～15万元（n=128）	10（10.87）	6（7.14）	4（10.81）	24（11.48）	4（9.09）	2（50.00）		
	15万～20万元（n=47）	5（5.43）	2（2.38）	3（8.11）	9（4.31）	2（4.55）	1（25.00）		
	20万元以上（n=35）	3（3.26）	3（3.57）	0（0）	2（0.96）	1（2.27）	0（0）		
BMI	＜18.5（n=49）	6（6.52）	8（9.52）	4（10.81）	28（13.40）	2（4.55）	1（25.00）	10.967	0.755
	18.5～24（n=247）	46（50.00）	44（52.38）	22（59.46）	106（50.72）	28（63.64）	1（25.00）		
	24～28（n=142）	32（34.78）	25（29.76）	9（24.32）	62（29.67）	14（28.00）	2（50.00）		
	≥28（n=32）	8（8.70）	7（8.33）	2（5.41）	13（6.22）	2（4.00）	0（0）		

续表

个人属性		细粮[n（%）]	杂粮[n（%）]	薯豆类[n（%）]	蔬菜类[n（%）]	水果类[n（%）]	其他[n（%）]	χ^2	P值
户籍	城镇居民（n=237）	31（33.70）	39（46.43）	19（51.35）	113（54.07）	29（65.91）	2（50.00）	16.042	0.007
	农村居民（n=233）	61（66.30）	45（53.57）	18（48.65）	96（45.93）	15（34.09）	2（50.00）		
所在省份	陕西（n=114）	43（46.74）	21（25.00）	5（13.51）	39（18.66）	5（11.36）	1（25.00）	93.635	0.000
	山东（n=90）	17（18.48）	16（19.05）	7（18.92）	48（22.97）	2（4.55）	0（0）		
	广东（n=101）	5（5.43）	18（21.43）	4（10.81）	62（29.67）	12（27.27）	0（0）		
	河南（n=76）	8（8.70）	9（10.71）	11（29.73）	40（19.14）	8（18.18）	0（0）		
	吉林（n=89）	19（20.65）	20（23.81）	10（27.03）	20（9.57）	17（38.64）	3（75.00）		
职业状况	已参加工作（n=170）	24（26.09）	28（33.33）	15（40.54）	86（41.15）	16（36.36）	1（25.00）	43.906	0.000
	失业/待业（n=85）	30（32.61）	17（20.24）	5（13.51）	31（14.83）	2（4.55）	0（0）		
	退休（n=90）	24（26.09）	23（27.38）	5（13.51）	30（14.35）	7（15.91）	1（25.00）		
	学生在读（n=125）	14（14.74）	18（20.69）	12（32.43）	62（29.67）	19（43.18）	2（50.00）		

第四节　样本个人属性与植物性饮食认知的相关性分析

为分析样本个人属性与植物性饮食认知的相关性，本书利用Stata16.0统计软件开展χ^2检验。

如表5-5所示，在植物性饮食健康认知方面，仅有受教育程度、所在省份2个属性有统计学意义（P<0. 05）。（1）文化水平高的人群认可植物性饮食的

健康性。整体上，认为植物性饮食健康的高学历人群人数均多于否认或者不确定植物性饮食健康性的人数。而且，随着学历提高，认为植物性饮食健康的人群比重整体增加。（2）陕西人肯定植物性饮食健康。认为植物性饮食是健康膳食的人群中，虽然5省的人数相差较小，但最多来自陕西（22.47%）。

表5–5　个人属性在植物性饮食健康认知的差异性

个人属性		是[n（%）]	否[n（%）]	不清楚[n（%）]	χ2	P值
性别	男（n=550）	333（49.55）	50（45.05）	167（51.38）	1.335	0.513
	女（n=558）	339（50.23）	61（54.95）	158（48.62）		
年龄	<18周岁（n=246）	138（20.54）	28（25.23）	80（24.62）	12.363	0.054
	18～44周岁（n=312）	203（30.21）	38（34.23）	71（21.85）		
	45～59周岁（n=258）	154（22.92）	23（20.72）	81（24.92）		
	≥60周岁（n=292）	177（26.34）	22（19.82）	93（28.62）		
婚姻状况	已婚（n=650）	399（59.38）	58（52.25）	193（59.38）	5.605	0.469
	未婚（n=402）	235（34.97）	47（42.34）	120（36.92）		
	丧偶（n=44）	29（4.32）	4（3.60）	11（3.38）		
	离异（n=12）	9（1.34）	2（1.80）	1（0.31）		
受教育程度	小学及以下（n=209）	114（16.86）	17（15.32）	78（24.00）	29.030	0.000
	初中（n=285）	164（25.72）	18（16.22）	103（31.69）		
	高中/职专（n=316）	198（29.46）	41（36.94）	77（23.69）		
	大学（n=241）	157（23.36）	27（24.32）	57（17.54）		
	研究生及以上（n=57）	39（5.80）	8（7.21）	10（3.08）		
家庭年收入（税后）	1万元以下（n=153）	87（12.95）	18（16.22）	49（15.08）	9.703	0.467
	1万～5万元（n=311）	192（28.57）	33（29.73）	86（26.46）		
	5万～10万元（n=431）	265（39.43）	32（28.83）	136（41.85）		
	10万～15万元（n=128）	77（11.46）	16（14.41）	35（10.77）		
	15万～20万元（n=47）	29（4.32）	6（5.41）	12（3.69）		
	20万元以上（n=35）	22（3.27）	6（5.41）	7（2.17）		

续表

个人属性		是[n（%）]	否[n（%）]	不清楚[n（%）]	χ2	P值
BMI	<18.5（n=140）	79（11.76）	14（12.61）	48（14.77）	5.677	0.460
	18.5～24（n=582）	343（51.04）	63（56.76）	177（54.46）		
	24～28（n=313）	204（30.36）	28（25.23）	81（24.92）		
	≥28（n=70）	46（6.85）	6（5.41）	19（5.85）		
户籍	城镇居民（n=631）	380（56.55）	73（65.77）	178（54.77）	4.193	0.123
	农村居民（n=477）	292（43.45）	38（34.23）	147（45.23）		
所在省份	陕西（n=230）	151（22.47）	30（27.03）	49（15.08）	23.119	0.003
	山东（n=209）	119（17.71）	15（13.51）	75（23.08）		
	广东（n=243）	144（21.43）	22（19.82）	77（23.69）		
	河南（n=240）	132（19.64）	32（28.83）	76（23.38）		
	吉林（n=186）	126（18.75）	12（10.81）	48（14.77）		
职业状况	已参加工作（n=387）	249（37.05）	37（33.33）	101（31.08）	6.524	0.367
	失业/待业（n=176）	98（14.58）	21（18.92）	57（17.54）		
	退休（n=190）	117（17.41）	14（12.61）	59（18.15）		
	学生在读（n=355）	208（30.95）	39（35.14）	108（33.23）		

见表5-6，关于植物性饮食是否要大力提倡，受访者的年龄、婚姻状况、受教育程度、BMI、所在省份、职业状况6个属性均有统计学意义（P<0.05）。（1）青年人较多提倡植物性饮食。18～44岁的青年人在大力提倡植物性饮食的人群中占多数（30.42%），虽然该群体最多反对植物性饮食，但提倡者的人数较多。（2）已婚人群大力提倡植物性饮食。在不同的婚姻状况下，大力提倡植物性饮食的已婚群体占绝大多数（61.71%），几乎是位居第二的未婚人群一倍。（3）受教育程度高群体较多提倡植物性饮食。提倡植物性饮食的人群在不同受教育程度方面的人数均多于不提倡者，而且，从小学及以下到高中/职专，受教育程度越高，提倡者人数越多。（4）健康人群倾向于提倡植物性饮食。大力提倡植物性饮食者中，BMI指数为18.5～24的健康人群占比最高（50.52%）。（5）城镇居民较多提倡植物性饮食。在提倡植物性饮食的人群中，城镇居民的人数明显高于农村居民。（6）较多陕西人提倡植物性饮

食。在受调查的5省中，来自陕西的居民最多提倡植物性饮食（21.85%）。

（7）参加工作的人群比较希望植物性饮食得到大力倡导。在职业状况中，已参加工作的受访者在大力提倡植物性饮食中占多数（38.81%）。

表5-6　个人属性在提倡植物性饮食的差异性

个人属性		是[n（%）]	否[n（%）]	不清楚[n（%）]	χ^2	P值
性别	男（n=550）	279（48.78）	78（50.32）	193（50.66）	0.357	0.837
	女（n=558）	293（51.22）	77（49.68）	188（49.34）		
年龄	<18周岁（n=246）	104（18.18）	43（27.74）	99（25.98）	20.250	0.002
	18～44周岁（n=312）	174（30.42）	49（31.61）	89（23.36）		
	45～59周岁（n=258）	142（24.83）	35（22.58）	81（21.26）		
	≥60周岁（n=292）	152（26.57）	28（18.06）	112（29.40）		
婚姻状况	已婚（n=650）	353（61.71）	78（50.32）	219（57.48）	14.255	0.027
	未婚（n=402）	184（32.17）	70（45.16）	148（38.85）		
	丧偶（n=44）	26（4.55）	5（3.23）	13（3.41）		
	离异（n=12）	9（1.57）	2（1.29）	1（0.26）		
受教育程度	小学及以下（n=209）	99（17.31）	22（14.19）	88（23.10）	36.525	0.000
	初中（n=285）	151（26.40）	21（13.55）	113（29.66）		
	高中/职专（n=316）	154（26.92）	62（40.00）	100（26.25）		
	大学（n=241）	131（22.90）	40（25.81）	70（18.47）		
	研究生及以上（n=57）	37（6.47）	10（6.45）	10（2.62）		
家庭年收入（税后）	1万元以下（n=154）	72（12.59）	25（16.13）	57（14.96）	12.204	0.272
	1万～5万元（n=311）	165（28.85）	43（27.74）	103（27.03）		
	5万～10万元（n=433）	222（38.81）	51（32.90）	160（41.99）		
	10万～15万元（n=128）	74（12.94）	19（12.26）	35（9.19）		
	15万～20万元（n=47）	24（4.20）	11（7.10）	12（3.15）		
	20万元以上（n=35）	15（2.62）	6（3.87）	14（3.67）		
BMI	<18.5（n=141）	61（10.66）	29（18.71）	51（13.39）	14.721	0.023
	18.5～24（n=583）	289（50.52）	78（50.32）	216（56.69）		
	24～28（n=313）	179（31.29）	41（26.45）	93（24.41）		
	≥28（n=71）	43（7.52）	7（4.52）	21（5.51）		

续表

个人属性		是[n（%）]	否[n（%）]	不清楚[n（%）]	χ^2	P值
户籍	城镇居民（n=631）	315（55.07）	102（65.81）	214（56.17）	5.879	0.053
	农村居民（n=477）	257（44.93）	53（34.19）	167（43.83）		
所在省份	陕西（n=230）	125（21.85）	43（27.74）	62（16.27）	38.293	0.000
	山东（n=209）	104（18.18）	23（14.84）	82（21.52）		
	广东（n=243）	106（18.53）	35（22.58）	102（26.77）		
	河南（n=240）	117（20.45）	44（28.39）	79（20.73）		
	吉林（n=186）	120（20.98）	10（6.45）	56（14.70）		
职业状况	已参加工作（n=387）	222（38.81）	55（35.48）	110（28.87）	14.575	0.024
	失业/待业（n=176）	91（15.91）	21（13.55）	64（16.80）		
	退休（n=190）	98（17.13）	21（13.55）	71（18.64）		
	学生在读（n=355）	161（28.15）	58（37.42）	136（35.70）		

如表5-7所示，在上述572名大力提倡植物性饮食的人群中，通过营养标签提醒或者引导居民开展植物性饮食的必要性方面，仅有婚姻状况、职业状况2个个人属性具有统计学意义。（1）认为有必要开展营养标签引导的人群以已婚人士为主。在4种婚姻状况中，已婚人群最多支持通过营养标签引导居民开展植物性饮食，人数达到313人，占比64.4%，明显高于其他三类人群。（2）已参加工作的人群要求借助营养标签引导植物性饮食。与其他职业状况的人群相比，参加工作的人群在认为有必要通过营养标签引导居民植物性饮食方面的比重最高（40.74%）。

表5-7 个人属性在营养标签引导植物性饮食的差异性分析

个人属性		有必要[n（%）]	没必要[n（%）]	不清楚[n（%）]	χ^2	P值
性别	男（n=279）	237（48.77）	23（53.49）	19（44.19）	0.745	0.689
	女（n=293）	249（51.23）	20（46.51）	24（55.81）		
年龄	＜18周岁（n=104）	82（16.87）	10（23.26）	12（27.91）	8.686	0.192
	18～44周岁（n=174）	147（30.25）	15（34.88）	12（27.91）		

续表

个人属性		有必要[n（%）]	没必要[n（%）]	不清楚[n（%）]	χ^2	P值
年龄	45～59周岁（n=142）	127（26.13）	10（23.26）	5（11.63）	8.686	0.192
	≥60周岁（n=152）	130（26.75）	8（18.60）	14（32.56）		
婚姻状况	已婚（n=353）	313（64.40）	23（53.49）	17（39.53）	15.453	0.017
	未婚（n=184）	144（29.63）	18（41.86）	22（51.16）		
	丧偶（n=26）	20（4.12）	2（4.65）	4（9.30）		
	离异（n=9）	9（1.85）	0（0）	0（0）		
受教育程度	小学及以下（n=99）	81（16.67）	9（20.93）	9（20.93）	3.527	0.897
	初中（n=151）	132（27.16）	8（18.60）	11（25.58）		
	高中/职专（n=154）	132（27.16）	10（23.26）	12（27.91）		
	大学（n=131）	110（22.63）	13（30.23）	8（18.60）		
	研究生及以上（n=37）	31（6.38）	3（6.98）	3（6.98）		
家庭年收入（税后）	1万元以下（n=72）	59（12.14）	2（4.65）	11（25.58）	14.506	0.151
	1万～5万元（n=165）	141（29.01）	12（27.91）	12（27.91）		
	5万～10万元（n=222）	191（39.30）	18（41.86）	13（30.23）		
	10万～15万元（n=74）	63（12.96）	5（11.63）	6（13.95）		
	15万～20万元（n=24）	20（4.12）	3（6.98）	1（2.33）		
	20万元以上（n=15）	12（2.47）	3（6.98）	0（0）		
BMI	＜18.5（n=61）	53（10.91）	3（6.98）	5（11.63）	2.705	0.845
	18.5～24（n=289）	242（49.79）	26（60.47）	21（48.84）		
	24～28（n=179）	153（31.48）	11（25.58）	15（34.88）		
	≥28（n=43）	38（7.82）	3（6.98）	2（4.65）		
户籍	城镇居民（n=315）	267（54.94）	28（65.12）	20（46.51）	3.030	0.220
	农村居民（n=257）	219（45.06）	15（34.88）	23（53.49）		
所在省份	陕西（n=125）	98（20.16）	13（30.23）	14（32.56）	12.165	0.144
	山东（n=104）	96（19.75）	3（6.98）	5（11.63）		
	广东（n=106）	89（18.31）	9（20.93）	8（18.60）		
	河南（n=117）	101（20.78）	11（25.58）	5（11.63）		
	吉林（n=120）	102（20.99）	7（16.28）	11（25.58）		

续表

个人属性		有必要[n（%）]	没必要[n（%）]	不清楚[n（%）]	χ2	P值
职业状况	已参加工作（n=222）	198（40.74）	17（39.53）	7（16.28）	17.750	0.007
	失业/待业（n=91）	72（14.81）	8（18.60）	11（25.58）		
	退休（n=98）	89（18.31）	3（6.98）	6（13.95）		
	学生在读（n=161）	127（26.13）	15（34.88）	19（44.19）		

第五节　关于我国居民植物性饮食实践与认知的思考

从本次调查结果可知，虽然受访居民采取植物性饮食的比例仅为42.42%，但多数出于营养健康目的，且从认知情况可见，多数居民（60.65%）认为植物性饮食是健康的膳食且有51.62%的居民认为植物性饮食值得提倡，可以推断，植物性饮食的健康性（低脂、低胆固醇等）得到大多数居民的认可。但令人担忧的是，植物性饮食并非健康的饮食模式，从本书的文献综述与第二章的植物性饮食健康评价可知，虽然植物性饮食在预防动物性食物尤其是肉类摄入过多导致肥胖与相关慢性病方面具有一定的优势，但植物性食物所含的营养素仍不够全面，缺乏优质蛋白、胆固醇、烟酸。而且，植物性食物种类多样，不同植物性食物所含营养素含量差异较大，如果搭配不合理，则会增加植物性饮食的不健康风险。根据相关性分析结果可知，中老年人、农村居民、已参加工作的群体倾向于选择植物性饮食，且文化水平高的群体比较认可植物性饮食健康性，因此，针对居民低估植物性饮食健康风险的情况，有必要对中老年人、农村居民、已参加工作等群体开展植物性饮食科普宣传，且告知文化水平高等群体关于植物性饮食的健康风险。此外，在认为植物性饮食值得提倡的受访者中，有84.97%的人认为有必要通过营养标签提醒或引导开展植物性饮食，从而为本书开展营养标签的植物性饮食健康引导研究提供需求支撑。

第六节　本章小结

本章节利用2021年5—7月山东、河南、陕西、吉林、广东1108个受访居民的实地问卷调查数据分析了我国植物性饮食实践与认知现状。第一，在受访者中，约470人采用了植物性饮食，其中，为了营养健康选择该饮食模式的有263人，因饮食习惯的有175人；蔬菜类是209名植物性饮食者最多摄入的食物，其次是细粮、杂粮、水果类。在认知方面，大多数居民（672人）认为植物性饮食是健康的膳食，有572人认为植物性饮食值得提倡；在这些人群中，绝大多数人（486人）认为有必要通过营养标签提醒或引导居民开展植物性饮食。第二，不同年龄段、婚姻状况、户籍、所在省份、职业状况的受访居民在植物性饮食的选择方面存在显著性差异，植物性饮食以中老年人、农村居民、陕西居民、工作族为主。第三，植物性饮食选择原因在年龄、家庭年收入（税后）、户籍、所在区域、职业状况等方面具有显著性差异，即老年人、农村居民、陕西居民出于饮食习惯选择植物性饮食，而中青年、城镇居民、广东居民则是基于营养健康目的。第四，年龄、受教育程度、家庭年收入（税后）、户籍、所在省份、职业状况在摄入最多植物性食物方面具有显著差异性，中老年人、农村居民、陕西居民较多摄入谷物，年轻人、受教育程度高、城镇居民、广东人偏好蔬菜。第五，受教育程度、所在区域在植物性饮食健康认知方面存在显著差异性，即文化水平高的群体认可植物性饮食的健康性；陕西人倾向于肯定植物性饮食的健康。第六，年龄、婚姻状况、受教育程度、BMI、所在省份、职业状况在植物性饮食提倡方面有显著性差异，即青年人、已婚人群、健康人群、城镇居民、陕西人、已参加工作的人群倾向于提倡植物性饮食。第七，婚姻状况与职业状况在通过营养标签提醒或者引导开展植物性饮食的必要性方面具有显著差异性，即已婚人士、已参加工作的人群要求借助营养标签引导植物性饮食。从调查结论推断，我国多数居民低估了植物性饮食的健康风险，有必要对中老年人、农村居民、已参加工作等群体开展植物性饮食科普宣传，且告知文化水平高等群体关于植物性饮食的健康风险。而且，要满足部分居民需求，探索适合我国的营养标签引导方案。

第六章

我国现行营养标签对植物性饮食的健康引导与局限性

前三个章节分别对国外营养标签对植物性食物的应用与植物性饮食的健康引导、我国居民对植物性饮食的实践与认知进行分析，本章节拟在此基础上指出我国现行营养标签对普通人群植物性饮食的健康引导与局限性。

第一节　我国现行营养标签对植物性饮食的健康引导

我国营养标签体系包括BOP标签和FOP标签，可适用于预包装食品、餐饮食品，如表6-1所示，BOP标签为政府主导，包括营养成分表、营养声称、营养成分功能声称、餐饮食品营养标识，而“健康选择”标识、全谷物食品认证标志为非政府主导FOP标签，前者是显示食品低脂、低盐、低糖的总结指示体系FOP标签，后者是显示全谷物原料含量的食物类别信息体系FOP标签。

表6-1　我国营养标签体系现状

标签类型	政府主导	非政府主导	特点
BOP标签	营养成分表、营养声称、营养成分功能声称	无	强制显示能量与4个关键营养素的含量及其NRV%值；仅适用于预包装食品
	餐饮食品营养标识	无	仅适用于餐饮食品
FOP标签	无	“健康选择”标识	显示食品低脂、低盐、低糖特性；总结指示体系FOP标签；中国营养学会发起；仅适用于预包装食品

续表

标签类型	政府主导	非政府主导	特点
FOP标签	无	全谷物食品认证标志	包装正面显示全谷物原料的比重；食物类别信息体系FOP标签；第三方企业认证；仅适用于预包装食品

一、查看营养成分表减少高钠、高脂、高能量、含反式脂肪酸植物性食品摄入

依据本书对植物性饮食的概念界定，我们在植物性饮食时，不可避免地接触精深加工的植物性食物，这些食品出于提高口感与保质期，不可避免地添加油、盐、糖。如果人体摄入过多脂肪、钠、糖，则可能产生慢性病风险。《预包装食品营养标签通则》（GB 28050-2011）要求食品生产商在营养成分表强制标示能量、碳水化合物、蛋白质、脂肪、钠的含量值及其营养素参考值（Nutrient Reference Value，NRV）百分比。我国居民可利用NRV%查看植物性食品的脂肪、钠两种限制性营养成分是否超过每日最高推荐摄入量。而且，《预包装食品营养标签通则》（GB 28050-2011）还对食品配料含有或生产过程中使用了氢化和（或）部分氢化油脂，要求在营养成分表中强制标示出反式脂肪酸（酸）的含量，据此，我国居民可减少摄入高能量、高脂肪、高钠以及含反式脂肪酸的植物性食品。例如，卫龙辣条是人人皆知的面制零食，属于加工植物性食物，但100 g的钠含量为2749 mg，NRV%达到137%，意味着每摄入100 g辣条，将超出人体每日最高摄入量37%，消费者可通过NRV%数值减少辣条摄入量，保证健康饮食。可喜的是，2018—2020年，我国修订并发布了《预包装食品营养标签通则》（征求意见稿），在强制标示的营养成分方面，拟在原有能量、蛋白质、碳水化合物、脂肪、钠的基础上，增加饱和脂肪酸、糖两种限制性营养成分[①]的含量值及其NRV%，这对控制高饱和脂肪酸、高糖植物性食品摄入有重要帮助。

① 《预包装食品营养标签通则》修订稿在征求行业意见中，企业因检测成本及技术稳定性原因产生不同意见，暂不考虑维生素A和钙。

二、参考营养声称并结合营养成分表购买健康的植物性食品

我国食品生产商可根据《预包装食品营养标签通则》（GB 28050–2011）附录C能量和营养成分含量声称和比较声称的要求、条件和同义语，自愿在植物性食品包装袋显示营养声称（见表6–2）。随着我国市场监管体系不断健全，生产商滥用营养声称的问题已逐渐减少，我国居民可参考低能量、低限制性营养成分以及高鼓励性营养成分的营养声称选择健康的植物性食品。但是，我国的营养声称制度尚不完善，生产商倾向于报喜不报忧，仅通过营养声称展示植物性食品某一突出的营养特性，对于一些含量偏高的限制性营养成分则选择不提醒。例如，薄荷健康扁桃仁曲奇以每100 g钙含量达到高钙要求（每100 g中≥30% NRV）标示为高钙食品，但从营养成分表可看出，每100 g食品的脂肪NRV%为72%，意味着每摄入100 g高钙曲奇，已达到人体每日最高摄入量的72%，而如果摄入140 g，则脂肪含量值将超过每日所需最大量，属于高脂肪食品。为防止陷入甜蜜陷阱，我国消费者在选购健康植物性食品时，除查看营养声称外，还要同时查看营养成分表的能量、脂肪、钠的NRV%，如果偏高，则要谨慎购买。

表6–2　植物性食品能量和营养成分含量声称的要求和条件

项目	含量声称方式	含量要求	限制性条件
能量	无能量	≤17 kJ/100 g（固体）或100 mL（液体）	其中脂肪提供的能量≤总能量的50%
	低能量	≤170 kJ/100 g固体 ≤80 kJ/100 mL液体	
蛋白质	低蛋白质	来自蛋白质的能量≤总能量的5%	总能量指每100 g/mL或每份
	蛋白质来源，或含有蛋白质	每100 g的含量≥10% NRV 每100 mL的含量≥5% NRV或者 每420 kJ的含量≥5% NRV	
	高，或富含蛋白质	每100 g的含量≥20% NRV 每100 mL的含量 ≥10%NRV或者 每420 kJ的含量 ≥10% NRV	

续表

项目	含量声称方式	含量要求	限制性条件
脂肪	无或不含脂肪	≤0.5 g/100 g（固体）或100 mL（液体）	
	低脂肪	≤3 g/100 g固体；≤1.5g/100 mL液体	
	无或不含饱和脂肪酸	≤0.1 g/ 100 g（固体）或100 mL（液体）	指饱和脂肪酸及反式脂肪酸的总和
	低饱和脂肪酸	≤1.5 g/100 g固体 ≤0.75 g /100 mL液体	1. 指饱和脂肪酸及反式脂肪酸的总和 2. 其提供的能量占食品总能量的10%以下
脂肪	无或不含反式脂肪酸	≤0.3 g /100 g（固体）或100 mL（液体）	
碳水化合物（糖）	无或不含糖	≤0.5 g /100 g（固体）或100 mL（液体）	
	低糖	≤5 g /100 g（固体）或100 mL（液体）	
膳食纤维	膳食纤维来源或含有膳食纤维	≥3 g / 100 g（固体） ≥1.5 g / 100 mL（液体）或 ≥1.5 g / 420 kJ	膳食纤维总量符合其含量要求；或者可溶性膳食纤维、不溶性膳食纤维或单体成分任一项符合含量要求
	高或富含膳食纤维或良好来源	≥6 g / 100 g（固体） ≥3 g / 100 mL（液体）或 ≥3 g / 420KJ	
钠	无或不含钠	≤5 mg /100 g 或100 mL	符合“钠”声称的声称时，也可用“盐”字代替“钠”字，如“低盐”“减少盐”等
	极低钠	≤40 mg /100 g或100 mL	
	低钠	≤120 mg /100 g或100 mL	
维生素	维生素×来源或含有维生素×	每100 g中 ≥15% NRV 每100 mL中 ≥7.5% NRV或 每420 kJ中 ≥5% NRV	含有“多种维生素”指3种和（或）3种以上维生素含量符合“含有”的声称要求
	高或富含维生素×	每100 g中 ≥30% NRV 每100 mL中 ≥15% NRV或 每420 kJ中 ≥10% NRV	富含“多种维生素”指3种和（或）3种以上维生素含量符合“富含”的声称要求

续表

项目	含量声称方式	含量要求	限制性条件
矿物质（不包括钠）	×来源，或含有×	每100 g中 ≥15% NRV 每100 mL中 ≥7.5% NRV或 每420 kJ中 ≥5% NRV	含有“多种矿物质”指3种和（或）3种以上矿物质含量符合“含有”的声称要求
	高，或富含×	每100 g中 ≥30% NRV 每100 mL中 ≥15% NRV或 每420 kJ中 ≥10% NRV	富含“多种矿物质”指3种和（或）3种以上矿物质含量符合“富含”的声称要求

备注：用“份”作为食品计量单位时，也应符合100 g（mL）的含量要求才可以进行声称。数据来源：《预包装食品营养标签通则》（GB 28050-2011）附录C能量和营养成分含量声称和比较声称的要求、条件和同义语。

三、根据“健康选择”标识选择低脂、低盐、低糖的植物性食品

我国FOP标签起步晚，直到2017年，中国营养学会响应卫健委“三减”（减盐、减油、减糖）号召，率先试行“健康选择”标识，并于2019年5月正式实施。《预包装食品“健康选择”标识规范（T/CNSS 001-2018）》仅适用于预包装食品，将植物性食物划分为粮谷类制品、豆类制品、坚果和籽类、蔬果品4类，并对每类食品设定了脂肪、饱和脂肪酸、钠、糖等营养素及反式脂肪酸含量阈值（见表6-3），只要符合要求则可标示“健康选择”标识，表明低脂、低盐、低糖食品（见图6-1）。目前，虽然“健康选择”标识处于自愿实施阶段，普及率较低，但如果消费者在包装袋主要展示版面看到该标签，则表明植物性食品达到低脂、低盐、低糖的标准，可以放心购买。

表6-3 “健康选择”标识关于植物性食物的营养评价标准

植物性食物	亚类名称	定义及范围	阈值
粮谷类制品	挂面或面条	以小麦粉为主要原料，经过和面、压片、切条、干燥等工序加工而成的产品	钠≤300mg/100 g

续表

植物性食物	亚类名称	定义及范围	阈值
粮谷类制品	方便面制品	以小麦粉和（或）其他谷物粉、淀粉等为主要原料，添加或不添加辅料，经加工制成的面饼、粉丝饼等，添加或不添加方便调料的预包装方便食品	（制品中面饼及粉丝饼） 脂肪≤12 g/100 g; 饱和脂肪酸≤9 g/100 g; 糖≤5 g/100 g; 钠≤500 mg/100 g
	即食谷物	以谷物为主要原料，添加或不添加辅料，经熟制和（或）干燥等工艺加工制成，直接冲调或冲调后食用的食品。包括燕麦片、早餐谷物、谷物、粥羹类等	脂肪≤10 g/100 g; 饱和脂肪酸≤3 g/100 g; 糖≤25 g/100 g; 钠≤400 mg/100 g
	冷冻里米面制品	以小麦粉、大米、杂粮等谷物为主要原料，或同时配以蔬菜、果料、糖、油、调味品等单一或多种配料为馅料，经加工成型（或熟制）、速冻而成的食谱。包括面点类、米制品及其他类	脂肪≤10 g/100 g; 饱和脂肪酸≤3 g/100 g; 糖≤5 g/100 g; 糖≤10 g/100 g（仅限汤圆、元宵等甜味制品）; 钠≤400 mg/100 g
	面包	以小麦粉、酵母、水为主要原料，添加或不添加其他原料，经搅拌、发酵、整形、醒发、熟制等工艺制成的食品，以及熟制前或熟制后在产品表面或内部添加可可、果酱等的食品。按产品的物理性质和食用口感分为软式面包、硬式面包、起酥面包、调理面包和其他面包五类，其中调理面包又分为热加工和冷加工两类	脂肪≤5 g/100 g; 饱和脂肪酸≤3 g/100 g; 糖≤10 g/100 g; 钠≤400 mg/100 g
	饼干	以谷类粉（和/或豆类粉、薯乐粉）等为主要原料，添加或不添加糖、油脂及其他原料，经调粉（或调浆）、成型、烘烤（或煎烤）等工艺制成的食谱，以及熟制前或熟制后在产品之间（或表面、或内部）添加可可、巧克力等的食品	脂肪≤25 g/100 g; 饱和脂肪酸≤10 g/100 g; 糖≤20 g/100 g; 钠≤400 mg/100 g
豆类制品（发酵类除外）	豆类初级加工制品	以大豆或杂豆为主要原料，经加工制成的食品。包括豆粉、豆浆、豆腐、豆腐干、豆腐丝、豆腐皮、香干等	脂肪≤5 g/100 g; 饱和脂肪酸≤1.5 g/100 g; 糖≤5 g/100 g; 钠≤120 mg/100 g
	其他豆类制品	豆类食品包括以青豆、大豆等为主要原料，经烤、炒、烘等工艺制成的烘炒食品或其他加工食品，添加或不添加辅料，按一定工艺配方制成的产品，如豆腐干再制品	脂肪≤10 g/100 g; 饱和脂肪酸≤1.5 g/100 g; 糖≤5 g/100 g; 钠≤600 mg/100 g

续表

植物性食物	亚类名称	定义及范围	阈值
蔬果产品	新鲜和冷冻、干的蔬果（未加工）	以水果、蔬菜为原料，不添加任何辅料，不做任何处理或简单切割成型等加工的新鲜、冷冻货干制的制品	—
	100%果蔬汁	以水果和（或）蔬菜（包括可食用的根、茎、叶、花、果实）等为原料，经加工或发酵制成的液体，包括100%纯果蔬汁、果蔬汁浆、浓缩果蔬汁	无添加糖
	果蔬制品（加工）	除了果蔬汁之外的所有果蔬类加工产品	脂肪≤3 g/100 g； 饱和脂肪酸≤1.5 g/100 g； 无添加糖； 钠≤120 mg/100 g
坚果和籽类	坚果和籽类	以坚果、籽类或其籽仁等为主要原料，经加工制成的食品	饱和脂肪酸≤8 g/100 g； 无添加糖； 钠≤120 mg/100 g

资料来源：《预包装食品“健康选择”标识规范（T/CNSS 001-2018）》

图6-1　“健康选择”标识

图片来源：王瑛瑶等（2020）

四、关注全谷物食品认证标志，选择高含量的全谷物食品

全球绿色联盟（北京）食品安全认证中心（Global Green Union，GGU）是国内首家在国家市场监督管理总局完成《全谷物食品认证实施规则》和《全谷物食品认证标志》备案的第三方独立认证机构。GGU认证中心推出全谷物食品认证标志（见图6-2），全谷物含量＞× ×%部分的具体数值由认证检查

员在食品企业生产场地，根据产品配料或投料的实际情况，核实全谷物的实际含量比例进行标注。根据国家有关规定，只有通过“全谷物食品认证”的产品，才可以在包装、标签、广告、宣传、说明书等使用“全谷物食品认证标志”，以证明该食品通过了“全谷物食品认证”。因此，植物性饮食者不仅可以根据全谷物协会的全谷物邮票选择全谷物食品，而且可以关注全谷物食品认证标志的全谷物含量。

图6-2　全谷物食品认证标志

五、关注餐饮食品营养标识选择低热量、低脂、低钠的植物性菜品

随着居民外出就餐和点外卖次数的不断增加，餐饮食品对国民营养健康的影响越来越大。早在2010年，中国烹饪协会已计划实施餐饮食品营养标签，发布了《餐饮业菜品营养标签规则（征求意见稿）》，但迟迟没有正式实施。2017年《国民营养计划（2017—2030年）》首次提出研究制订餐饮食品营养标识的计划。根据合理膳食行动要求，提示居民减少每日糖的摄入量。直到2020年，国家卫生健康委发布了《餐饮食品营养标识指南》，正式启动餐饮食品营养标识，鼓励各类餐饮服务经营者和单位食堂在餐饮食品标示营养标识，至少显示能量、脂肪与钠含量值，意味着我国消费者今后能从营养标识了解餐饮食品的一些营养信息。虽然该营养标识还有很多改进空间，但消费者通过比较同类植物性餐饮食品的营养成分，可选择低热量、低脂、低钠的植物性食品。

第二节 《素食人群膳食指南（2016）》未提及营养标签使用建议

2016年，中国营养学会发布了《素食人群膳食指南（2016）》，大篇幅为纯素食人群设计膳食方案，主要有5点推荐，即谷物为主，食物多样，适量增加全谷物；增加大豆及制品的摄入，经常食用发酵豆制品，每天50～80 g（相当于大豆干重）；常吃坚果、海藻和菌菇；蔬菜、水果应充足；合理选择烹调油。如表6-4所示，推荐解读和素食实践应用只字未提全素食者在日常饮食中如何应用营养标签开展健康植物性饮食。

表6-4 《素食人群膳食指南（2016）》的纯素食关键推荐

关键推荐	推荐解读	素食实践应用
谷物为主，食物多样；适量增加全谷物	为弥补因动物性食物带来的某些营养素不足，素食人群应食物多样，适量增加谷类食物摄入量。全谷物保留了天然谷类的全部成分，提倡多吃全谷物食物。建议纯素食人群（成人）每天摄入谷类250～400 g，其中全谷物类为120～200 g	1.主食餐不能少。不管是素食者还是其他人群，谷物都是膳食中的关键部分。对于素食者来说，应更好地享用主食如米饭、面食等，每餐不少于100 g。不足部分也可以利用茶点补充。 2.全谷物天天有。素食者应比一般人群增加全谷物食物的摄入比例。选购食物，应特别注意加工精度，少购买精制米、精白粉；适当选购全谷物食物，如小米、全麦粉、嫩玉米、燕麦等。每日三餐应保证至少一次有全谷物或杂豆类。全谷物食物因加工精度低，口感较差，不易被接受，需要合理烹调或者和其他食物一起搭配食用，从而改善其感官性状。例如，玉米粥，甜糯软绵；荞麦粥，嫩滑绵延；小米和绿豆搭配做成小米绿豆粥，清香可口

续表

关键推荐	推荐解读	素食实践应用
增加大豆及制品的摄入，经常食用发酵豆制品，每天50~80g（相当于大豆干重）	大豆含有丰富的优质蛋白质（35%）、不饱和脂肪酸和B族维生素以及其他多种有益健康的物质，如大豆异黄酮、大豆甾醇以及大豆卵磷脂等；发酵豆制品中含有维生素B_{12}。因此，素食人群应增加大豆及其制品的摄入，选用发酵豆制品。建议全素人群（成人）每天摄入大豆50~80g或等量的豆制品，其中包括5g发酵豆制品	1.如何吃够足量大豆。大豆是素食者的重要食物。大豆类制品多种多样，如豆浆、豆腐、豆干、豆腐皮、黄豆芽等。如果早餐有一杯豆浆，午餐有黄豆芽入菜；晚餐有炖豆腐或炒豆干，就可以轻松吃到推荐量的大豆类食品。家里可以放有泡涨的大豆，蒸米饭或者炒菜就放一把；不但增加味道，也可以轻松提高摄入量；不少地区，有把“炒黄豆”作为零食的习惯，这也是素食者的选择之一。 2.发酵豆制品不能缺。发酵豆制品是以大豆为主要原料，经微生物发酵而成的豆制品。常见有腐乳、豆豉、臭豆腐、酸豆浆、豆瓣酱、酱油等。发酵豆制品在制作过程中，由于微生物的生长繁殖，可合成少量的维生素B_{12}。发酵豆制品维生素B_{12}含量的多少，除与微生物的品种有关外，还与微生物生长繁殖的多少有关。微生物生长繁殖的越多，豆制品的固有风味越好，维生素B_{12}合成的就越多，在选购时应予以注意。 3.巧搭配。大豆蛋白质含有较多的赖氨酸，谷类蛋白质组成中赖氨酸含量较低；大豆类与谷类食物搭配食用，以发挥蛋白质的互补作用，显著提高蛋白质的营养价值。例如，北方地区居民常吃的杂合面窝窝头，由玉米小米粉、豆粉等混合制作，其蛋白质的营养价值堪比猪肉

续表

关键推荐	推荐解读	素食实践应用
常吃坚果、海藻和菌菇	坚果类富含蛋白质、不饱和脂肪酸、维生素和矿物质等，常吃坚果有助于心脏的健康；海藻含有20碳和22碳ω-3多不饱和脂肪酸及多种矿物质；菌菇富含矿物质和真菌多糖类；因此素食人群应常吃坚果、海藻和菌菇。建议全素人群（成人）每天摄入坚果20～30 g，藻类或菌菇5～10 g	海藻类和菌菇类食物，也应该尽量多食用。 海藻类的碳水化合物中海藻多糖和膳食纤维各约占50%。海藻富集微量元素的能力极强，因而含有十分丰富的矿物质。海藻富含长链ω-3多不饱和脂肪酸（DHA、EPA、DPA），其可作为素食人群ω-3多不饱和脂肪酸的来源之一。研究发现，鱼类并非DNA、EPA和DPA的生产者，它们只不过是摄取藻类中这些脂肪酸并保存于自身。事实上，真正在自己体内合成DHA、EPA和DPA的是海洋生态系统的生产者们——海洋藻类。 菌菇类含有丰富的营养成分和有益于人体健康的植物化合物，这些成分大大提升了菌菇的食用价值，如蛋白质、糖类、膳食纤维、维生素、矿物质以及菌多糖等。菌菇中丰富的维生素与矿物质，可作为素食人群维生素（尤其是维生素B_{12}）和矿物质（如铁、锌）的重要来源
蔬菜、水果应充足	蔬菜水果摄入应充足，食用量同一般人群一致。 蔬菜类300～500 g；水果类 200～350 g	新鲜蔬菜水果对素食者尤为重要，其富含各种营养成分
合理选择烹调油	应食用各种植物油，满足必需脂肪酸的需要；亚麻酸在亚麻籽油和紫苏油中含量最为丰富，是素食人群膳食ω-3多不饱和酸的主要来源。因此应多选择亚麻籽油和紫苏油	不同食用油其不饱和脂肪酸的含量不同。不饱和脂肪酸的含量越高，食用油越不耐热，也就越容易氧化。烹饪时根据所需温度和耐热性来正确选择食用油，可以很好地避免食用油氧化。 素食人群易缺乏ω-3多不饱和脂肪酸，因此建议其在选择食用油时，应注意选择富含ω-3多不饱和脂肪酸的食用油，如紫苏油、亚麻籽油、菜籽油、豆油等。可用菜籽油或大豆油烹炒，亚麻籽油或紫苏油凉拌，而煎炸可选用调和油

资料来源：中国营养学会（2016b）

然而，《中国居民膳食指南（2016）》和《学龄儿童膳食指南（2016）》均提及了营养标签的使用建议，见表6-5，《中国居民膳食指南（2016）》提出“居民购买食品时，要学会看营养标签，逐渐了解食品中油、盐、糖的含量，并要关注无糖、无盐、无脂、低糖、低盐、低脂、减少糖、减少盐、减脂等营养声称”的建议，而《学龄儿童膳食指南（2016）》建议学龄儿童喝饮料时查看营养成分表选择低糖饮料。通过比较发现，《素食人群膳食指南（2016）》缺乏建议素食者利用营养成分表、营养声称查看谷物制品、大豆制品、坚果、蔬果制品、食用油等植物性食品的营养成分含量及其NRV%或者营养特性。

表6-5 我国膳食指南对营养标签使用建议

膳食指南	关键推荐	营养标签使用建议	营养标签介绍
《中国居民膳食指南（2016）》	食物多样，谷类为主；吃动平衡，健康体重；多吃蔬果、奶类、大豆；适量吃鱼、禽、蛋、瘦肉；少盐少油，控糖限酒；杜绝浪费，兴新食尚	在“杜绝浪费，兴新食尚”的推荐条目中，提示居民购买食品时，要学会看营养标签，逐渐了解食品中油、盐、糖的含量，并做到聪明选择、自我控制。提示阅读营养标签时，要关注无糖、无盐、无脂、低糖、低盐、低脂、减少糖、减少盐、减脂	显示某饼干的营养标签示意图，指出哪些是营养声称、营养成分功能声称、营养成分表；哪些营养素是强制标示与自愿标示以及营养素参考值
《学龄儿童膳食指南（2016）》	认识食物，学习烹饪，提高营养科学素养；三餐合理，规律进餐，培养健康饮食行为；合理选择零食，足量饮水，不喝含糖饮料，禁止饮酒	建议要学会查看营养成分表，选择“碳水化合物”或“糖”含量低的饮料	无

资料来源：中国营养学会（2016b）

第三节　我国现行营养标签对植物性饮食健康引导的局限性

与国外营养标签相比，我国营养标签起步晚，体系尚不健全，在植物性饮食健康引导方面存在以下几点局限性：

一、FOP标签适用范围小，未应用到生鲜植物性食物

虽然我国已推广“健康选择”标识以及开启“全谷物食品认证标志”第三方认证，借助这两个FOP标签可选择低脂、低盐、低糖植物性食品以及高全谷物含量食品。但在国外，Keyhole标签、较健康选择标志、心脏检查标志、选择标识、指引星标签、NuVal评分标签等FOP标签可用于生鲜农产品，通过这些标签，居民可识别并挑选新鲜且营养价值高的薯豆、果蔬等植物性食物。

二、FOP标签缺乏植物性食物整体营养价值评价

中国营养学会发起的“健康选择”标识的营养评价标准仅考虑饱和脂肪酸、糖、钠三种限制性营养成分的单位含量，而未列入对人体有益的宏量营养素（蛋白质、膳食纤维、不饱和脂肪酸）、微量营养素以及鼓励性食物组（全谷物、蔬果、坚果、花生等），未能给消费者提供植物性食物的整体营养价值评价。相比之下，国外的Keyhole标签、较健康选择标志、心脏检查标志、选择标识、指引星标签、明智选择计划标签、NuVal评分标签、健康星级标签、Nutri-score标签等FOP标签将限制性与鼓励性营养成分/食物组均列入营养评价标准，提供了新鲜植物性食物、加工的植物性食物以及纯素菜品的整体营养价值评价。

三、餐饮食品营养标识非解释性营养标签，无法评价整体营养价值

我国《餐饮食品营养标识指南》规定的营养标识是非解释性营养标签（FOP标签），仅要求餐饮商家列举能量、脂肪、钠的含量值，无法让消费者从整体上了解纯素菜品的营养健康程度。而心脏检查标志和指引星标签两个FOP标签通过将纯素食食谱进行菜品分类，设计不同的营养评价标准，并进行认证与评级，让消费者能易于关注与理解菜品的营养价值，并做出快速选择。

四、我国现行营养标签均为纸质媒介，数字经济时代呼吁电子营养标签推行

我国的营养成分表、营养声称、“健康选择”标识、全谷物食品认证标志均为纸质媒介的营养标签，虽然呈现的信息简明扼要，成本较低，但由于包装袋面积有限以及营养术语表达专业限制，纸质营养标签提供的科普与膳食服务远远不足。随着越来越多的居民使用智能手机，学者们利用条形码、二维码等信息标识技术扩展营养成分表的附加服务，只要消费者使用智能手机应用程序扫描食品包装袋的营养标签条形码或者二维码，就可以提供标签信息解读（Kulyukin等，2014；Zaman，2016）。在法国，Colruyt食品企业针对Nutri-score标签开发了Smart With Food手机应用程序，通过扫描食品包装袋的条形码，就可以将食品的营养成分信息转化为食品营养评级。在美国，新版营养事实标签为“我的餐盘”（MyPlate）手机应用程序提供支撑（见图6-3），居民可将个人情况、食品营养事实标签的能量和营养成分含量值输入该程序，避免热量的过多摄入与保证必需营养成分的充分摄入。结合学界研究与发达国家实践经验，在数字经济时代，我国营养标签迫切需要与人工智能、大数据等新兴信息化技术相结合，为植物性饮食的精准指导提供智能支撑。

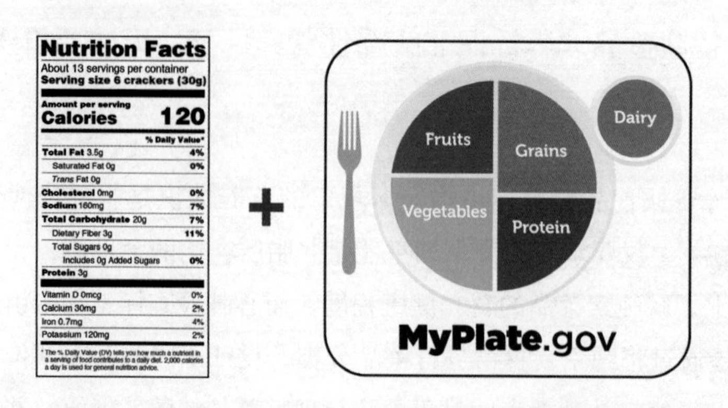

图6-3　营养事实标签为“我的餐盘”应用程序提供支撑

图片来源：U.S. Food& Drug Administration（2021）

第四节　本章小结

本章节是全书的重点，就我国现行营养标签如何引导普通人群（婴幼儿、孕妇、老人、“三高”患者等特殊人群除外）开展植物性饮食提出个人的思考和建议。《预包装食品营养标签通则》（GB 28050-2011）《预包装食品“健康选择”标识使用规范》《全谷物食品认证标志》《餐饮食品营养标识指南》等标准与规定能对植物性饮食提供健康引导，比如关注营养成分表、营养声称、全谷物食品认证标志、“健康选择”标识、餐饮食品营养标识减少高钠、高脂、高热量、含反式脂肪酸植物性预包装食品的摄入量，选择全谷物食品与低热量、低脂、低钠的植物性菜品。然而，《素食人群膳食指南（2016）》未提及营养标签使用建议。而且，现行营养标签体系尚不健全，例如，FOP标签适用范围小，未应用到生鲜植物性食物与植物性菜品，且缺乏植物性食物整体营养价值评价；现行营养标签停留在纸质媒介，尚未推行电子营养标签。

第七章 结论与政策建议

本书第二章从营养供应视角评价植物性饮食对人体的健康，第三章详细梳理了国外BOP标签和FOP标签对健康植物性饮食的促进作用，第四章介绍了国外FOP标签在谷物类、薯豆类、蔬果类、坚果种子类、纯素食的应用，第五章调查分析我国居民对植物性饮食的实践与认知，第六章指出我国现行营养标签对植物性饮食的健康引导与局限性。本章节致力于整理研究结论，提出通过营养标签引导健康植物性饮食的若干建议。

第一节　主要研究结论

本书基于国外营养标签官方网站资料、《中国食物成分表》、全国5省居民调查数据，植物性饮食健康评价、国外营养标签对植物性饮食的健康引导以及FOP标签在主要植物性食物与纯素食食谱的应用、我国居民对植物性饮食的实践与认知、我国现行营养标签对植物性饮食的引导作用与不足展开研究，共有以下5点研究结论：

第一，植物性饮食能满足人体所需的大部分营养素，但要讲究合理搭配。植物性食物营养丰富，与动物性食物相比，具有低热量、低脂肪、高膳食纤维、高胡萝卜素、高维生素C等显著优势，但长期的植物性饮食会缺乏胆固醇、优质蛋白以及被人体容易吸收的烟酸。而且，不合理搭配会加剧植物性饮食健康风险，故要尽量多吃粗杂粮、新鲜蔬果与黄豆，少吃精米白面、蔬果加工食品。坚果与花生虽然营养丰富，但热量、脂肪、钠含量较高，应严格控制摄入量。

第二，国外BOP标签能辅助选购限制性营养成分含量低与鼓励性营养成分含量高的植物性食品，而FOP标签易于了解植物性食物的整体营养、含量超标的限制性营养成分。美国的营养事实标签、英国的营养声明、加拿大的营养事实表、澳大利亚的营养信息板能在植物性食品强制显示能量与多个关键营养成分的含量值，且一些还显示每日推荐摄入量百分比，帮助消费者了解显示的营养成分及其含量。国外的总结指示体系FOP标签能指导消费者摄取广泛的植物性食物（品）及了解整体营养价值；特定营养素体系FOP标签有助于选择低限制性营养成分含量的植物性食品；食物类别信息体系FOP标签能促进居民增加鼓励性食物（如全谷物）的摄入量；混合型FOP标签为消费者选购植物性食品提供整体营养评价与个别关键营养素信息。

第三，FOP标签为谷物、薯豆、蔬果、坚果/种子的健康摄入与营养的纯素食食谱设计提供支持。整体上，新鲜的蔬果能直接被健康认证，而对于其他植物性食物，FOP标签会分门别类地设计营养评价标准，多数以限制性营养成分的含量为主，鼓励性营养成分含量为辅。在纯素食食谱方面，FOP标签基于食材的营养成分与烹饪方式开展认证与评级。

第四，我国已有居民尝试植物性饮食，并大多数认为比较健康。在1108名受访居民中，约470人采用了植物性饮食，其中，多数为了营养健康，且蔬菜是最常摄入的食物。认知方面，大多数居民（672人）认为植物性饮食健康，且有572人认为值得提倡，其中有486人认为有必要通过营养标签提醒或引导居民开展植物性饮食。植物性饮食实践与认知与一些样本个人属性存在显著性差异，例如，植物性饮食以中老年人、农村居民、陕西居民、工作族为主；受教育程度高、来自陕西的居民倾向于肯定植物性饮食健康；已婚人士、已参加工作的人群要求借助营养标签引导植物性饮食。然而，我国多数居民将植物性饮食等同于健康饮食，低估了植物性饮食的健康风险，亟需开展科普宣传。

第五，我国现行营养标签能引导普通人群植物性食品健康消费，但标签体系亟待健全，为植物性饮食提供更多支撑。我国的食品营养成分表、营养声称、全谷物食品认证标志、“健康选择”标识、餐饮食品营养标识能帮助居民减少购买高钠、高脂、高热量、含反式脂肪酸等植物性预包装食品，选择全谷物食品以及低热量、低脂、低钠的植物性菜品。然而，《素食人群膳食指南（2016）》未提及营养标签使用建议。而且，现行营养标签体系尚不健全，例如，FOP标签适用范围小，未应用到生鲜植物性食物与植物性菜品，且缺乏植物性食物整体营养价值评价；现行营养标签停留在纸质媒介，尚未推行电子营养标签。

第二节 政策建议

本书开展营养标签对植物性饮食的健康引导研究具有前瞻性，上述的研究结论既客观地看待植物性饮食的优势与不足，又能洞悉全球营养标签在植物性饮食健康引导方面所做的努力。立足全国5省居民的调查结论，结合国内外营养标签体系的差距，围绕如何发展营养标签为植物性饮食提供更多健康引导，拟提出以下几点政策建议：

第一，出台植物性饮食者的营养素推荐摄入量。从我国一些受访居民认为有必要通过营养标签提醒或引导居民开展健康植物性饮食的态度可见，这些居民不愿意盲目地开展植物性饮食，而是希望被合理科学地引导。虽然现行营养标签能为普通健康人群提供一些植物性饮食的摄入参考，但从长远来看，如果我国植物性饮食者人数不断增加，则有必要为该群体设计个性化的营养标签。建议根据性别、年龄、身体状况、运动量、职业等特征，设计不同人群开展健康植物性饮食的营养素推荐摄入量，并在此基础上研究植物性食物的营养评价标准，为专门的营养标签设计提供重要保障。

第二，促进FOP标签在各类常见植物性食物的应用。为发挥FOP标签对植物性饮食的健康引导，建议借鉴国际经验，采用总结指示体系FOP标签，对谷物、薯豆、蔬菜、水果、坚果/种子及其制品分门别类地设计营养评价标准，其中，可对生鲜蔬果直接标示标签，而对植物性食品设定具体的营养评价标准，即设置最高的限制性营养成分含量与最低的鼓励性营养成分含量。

第三，设计并发布适合我国的FOP标签认证纯素食菜谱。国际经验表明，心脏检查标志和指引星标签开发了针对纯素食食谱的营养评价标准。然而，这两种FOP标签的营养评价标准不符合我国居民的膳食需求，不能照抄照搬。相反，应根据我国居民的身体状况、运动情况以及营养需求量，建议按照冷盘类、汤类、热菜类、甜点水果类、饮料类分别设计纯素食食谱的营养评价标准，并对食谱进行认证或评级。此外，针对居民外出就餐时，纯素食菜品普遍高盐、高油等问题，建议根据不同植物性菜品（因为有些菜系的口感离不开调味品与烹调油）以及添加的植物性食物类别，设置钠与脂肪的最高含量，对同时不超过钠和脂肪含量的菜品尝试标示阈值型总结指示体系FOP标签。

第四，推行电子营养标签，为植物性饮食提供精准营养指导。植物性饮食并非完美的饮食模式，未能充分提供铁、锌、维生素B_{12}等微量元素。为帮助植物性饮食者降低营养不足风险，有必要启动电子营养标签，以全民营养数据库做支撑，精准计算人体实时缺乏的营养素或过多摄入的营养素，当个人利用手机应用程序扫描阅读某一植物性食品的电子营养标签时，即能获取实时的精准化营养指导，包括是否要选择摄入该食品，以及摄入后能补充哪些营养素或者了解哪些营养素摄入过量等提示信息，并在最后推荐相关食谱。

参考文献

[1] 黄泽颖：《澳新食品健康星级评分系统与经验借鉴》，《世界农业》2020年第2期，第42–49、140页。

[2] 黄泽颖：《北欧食品Keyhole标签系统的做法与启示》，《农产品质量与安全》2020年第3期，第88–91页。

[3] 黄泽颖、黄贝珣：《美国食品Facts up Front标签的主要经验与启发》，《食品与机械》2021年第7期，第116–119页。

[4] 黄泽颖、黄贝珣：《美国心脏协会Heart–Check标志的发展经验与借鉴》，2021年第6期，第135–139页。

[5] 黄泽颖、黄贝珣：《Nutri–score标签的应用实践及其对中国的启发》，《食品与机械》2021年第5期，第1–5页。

[6] 黄泽颖、黄贝珣：《指引星包装正面标签的国际经验与启发》，《食品与机械》2021年第4期，第139–142页。

[7] 黄泽颖：《新加坡食品较健康选择标志系统经验启示》，《食品与机械》2020年第1期，第20–23页。

[8] 黄泽颖：《英国食品交通灯信号标签系统经验与借鉴》，《食品与机械》2020年第4期，第1–7页。

[9]［美］马可·博尔赫斯：《植物性饮食革命：22天改造身体、重塑习惯》，赵燕飞译，北京联合出版有限公司2017年版。

[10] 王瑛瑶、赵佳、梁培文等：《预包装食品正面营养标签分类及特点》，《营养学报》2020年第4期，318–324。

[11] 于小勇，徐新丽：《以食为药——CKD治疗新视角》，《中国中西医结合肾病杂志》2020年第11期，1028。

[12] 张继国、王志宏、杜文雯等：《2015 年中国 15 省（自治区、直辖市）18 ~ 59 岁居民预包装食品摄入状况》，《卫生研究》2018年第2期，第183–187页。

[13] 中国营养学会：《中国居民膳食指南（2016）》，人民卫生出版社2016a年版。

[14] 中国营养学会：《中国居民膳食指南（2016）》，http://dg.cnsoc.org/article/2016b.html。

[15] 中国营养学会：《中国居民膳食指南科学研究报告（2021）》http://dg.cnsoc.org/upload/affix/20210301174345895.pdf。

[16] Alejandra C.M., Alejandra J., Anabel V.B., et al. Comparative Analysis of the Classification of Food Products in the Mexican Market According to Seven Different Nutrient Profiling Systems[J]. Nutrients, 2018, 10(6):737.

[17] American Heart Association.Heart–Check Mark [EB/OL]. [2020–12–10][2021–01–12]. https://www.heart.org/–/media/files/healthy–living/company–collaboration/heart–check–certification/product–list–updated–monthly–070120.pdf?la=en.

[18] Anna F., Iris N., Mirjam G. Does attention to health labels predict a healthy food choice? An eye–tracking study[J]. Food Quality & Preference, 2018, 69:57–65.

[19] Ares G., Antúnez L., Curutchet M.R., et al. Immediate effects of the implementation of nutritional warnings in Uruguay: awareness, self–reported use and increased understanding[J]. Public Health Nutrition, 2020, 24(2):1–12.

[20] Arrúa A., Mach í n L., Curutchet M., R., et al. Warnings as a directive front–of–pack nutrition labelling scheme: comparison with the Guideline Daily Amount and traffic–light systems[J]. Public Health Nutrition, 2017,20(13):2308–2317

[21] Balcombe K., Fraser I., Falco S.D. Traffic Lights and Food Choice: A Choice Experiment Examining the Relationship between Nutritional Food Labels and Price [J]. Food Policy, 2010(35): 211 – 220.

[22] Becker M.W., Sundar R.P., Bello N., et al. Assessing Attentional

Prioritization of Front–of–Pack Nutrition Labels using Change Detection[J]. 2016(54):90 – 99.

[23] Berrazaga I., Micard V., Gueugneau M., et al. The Role of the Anabolic Properties of Plant– versus Animal–Based Protein Sources in Supporting Muscle Mass Maintenance: A Critical Review[J]. Nutrients, 2019, 11(8):1825.

[24] Beverland M.B. Sustainable Eating Mainstreaming Plant–Based Diets In Developed Economies[J]. Journal of Macromarketing, 2014, 34(3):369–382.

[25] BistroM.D., NuVal Scores: Nutritional Scoring System[EB/OL]. [2019–09–21][2021–01–19].https://www.bistromd.com/healthy–eating/what–are–nuval–scores–and–how–can–you–benefits–from–using–them.

[26] Bollard T., Maubach N., Walker N., et al. Effects of plain packaging, warning labels, and taxes on young people's predicted sugar–sweetened beverage preferences: an experimental study[J]. International Journal of Behavioral Nutrition & Physical Activity, 2016, 13(1):95.

[27] Bonnie F,. Nutritional adequacy of plant–based diets for weight management: observations from the NHANES[J]. American Journal of Clinical Nutrition, 2014, 100(suppl 1):365S–368S.

[28] Boztug˘ Y., Juhl H.J., Elshiewy O., et al. Are consumers influenced in their food choice by health labels?[C] In Proceedings of the 41st EMAC Conference: 22 – 25 May 2012, Lisbon, Portugal.

[29] Bradbury K.E., Murphy N., Key T.J. Diet and colorectal cancer in UK Biobank: a prospective study[J].International Journal of Epidemiology, 2019, 49(1):pii: dyz064.

[30] Food Standards. Nutrition information panels. [EB/OL]. [2020–08–17][2021–07–10].https://www.foodstandards.gov.au/consumer/labelling/panels/Pages/default.aspx.

[31] Buyuktuncer Z., Ayaz A., Dedebayraktar D., et al. Promoting a Healthy Diet in Young Adults: The Role of Nutrition Labelling[J]. Nutrients, 2018, 10(10):1335.

[32] Cawley J., Sweeney M. J., Sobal J., et al. The impact of a supermarket nutrition rating system on purchases of nutritious and less nutritious foods [J]. Public Health Nutrition, 2015, 18(1): 8–14.

[33] Cecchini M., Warin L. Impact of food labelling systems on food choices and eating behaviours: systematic review and meta - analysis of randomized studies[J]. Obesity Reviews, 2016, 17(3):201–210.

[34] Choices International Foundation. Choices Programme. [EB/OL]. [2014–01–06][2021–02–07].https://www.choicesprogramme.org/our–work/nutrition–criteria/.

[35] Choices International Foundation.International Choices criteria – A global standard for healthier food (Version 2019–2)[EB/OL]. [2019–05–20][2021–5–23] www.choicesprogramme.org.

[36] Clinton O., Renier C.M., Wendt M.R., Whole–Foods, Plant–Based Diet Alleviates the Symptoms of Osteoarthritis[J]. Arthritis,2015(1):1–9.

[37] Codex Alimentarius Commission. Codex Guidelines on Nutrition Labeling[S]. CAC/GL 2–1985(Rev.2017).

[38] Colruyt Group.The Nutri–score. [EB/OL]. (2020–1–5)[2020–12–28]https:// nutriscore. colruytgroup.com/colruytgroup/en/about–Nutri–score/.

[39] Corvalán C., Reyes M., Garmendia M.L., et al. Structural responses to the obesity and non–communicable diseases epidemic: the Chilean law of food labeling and advertising[J]. obesity reviews, 2013, 14(Suppl 2): 79 - 87.

[40] Coulston A. M. The role of dietary fats in plant–based diets[J]. The American journal of clinical nutrition, 1999, 70(3 Suppl): 512S–515S.

[41] Daniele M., Tarique Z., Farren G.E., et al. A Whole–Food Plant–Based Diet Reversed Angina without Medications or Procedures[J]. Case Rep Cardiol, 2015(6): 978906.

[42] Daphne L.M. van der Bend a b, Léon Jansen a, C G V D V, et al. The influence of a front–of–pack nutrition label on product reformulation: A ten–year

evaluation of the Dutch Choices programme[J]. Food Chemistry, 2020(6):100086.

[43] David P., Marcia P. Sustainability of meat-based and plant-based diets and the environment[J]. American Journal of Clinical Nutrition, 2003(3):660S-663S.

[44] Dumke K., Zavala R. The Controversy Surrounding Smart Choices, The Friedman Sprout[EB/OL].[2009-12-2][2021-03-27].http://friedmansprout.wordpress.com/2009/12/02/ the-controversy-surrounding-smart-choices.

[45] Emrich T.E., Qi Y., Lou W.Y., et al. Traffic-light Labels Could Reduce Population Intakes of Calories, Total Fat, Saturated Fat, and Sodium[J]. PloS One, 2017, 12(2): e0171188.

[46] E nombre de FESNAD, E Nutricional-fesnad.Documento De Posicionamiento De Fesnad Sobre El Etiquetado Frontal De Los Alimentos. Caso Particular Del Nutriscore [EB/OL][2020-10-9][2021-05-10]https://www.fesnad.org/docs/Documento-FESNAD-Etiquetado-frontal-de-alimentos.pdf.

[47] FAO and the PAHO/WHO.Approval of a new food act in Chile: Process Summary[EB/OL]. [2019-12-23]. [2021-05-18]. http://www.fao.org/3/ai7692e.pdf.

[48] Ferdowsian H.R., Barnard N.D., Effects of Plant-Based Diets on Plasma Lipids[J]. The American journal of cardiology, 2009, 104(7):947-956.

[49] Findling M. T. G., Werth P.M., Musicus A. A., et al. Comparing five front-of-pack nutrition labels' influence on consumers' perceptions and purchase intentions[J]. Preventive Medicine, 2018(106):114-121.

[50] Finkelstein E.A., Wenying L., Grace M., et al. Identifying the effect of shelf nutrition labels on consumer purchases: results of a natural experiment and consumer survey[J]. The American Journal of Clinical Nutrition, 2018,107(4):647-651.

[51] Food Standards Agency.Nutrition labelling.[EB/OL].[2018-1-29].[2021-7-9]https://www.food.gov.uk/business-guidance/nutrition-labelling.

[52] Foscolou A., D'Cunha N.M.,Naumovski N. et al., The Association between Whole Grain Products Consumption and Successful Aging: A Combined Analysis of MEDIS and ATTICA Epidemiological Studies[J].Nutrients. 2019, 11(6). pii: E1221.

[53] Francis H.M., Stevenson R.J., Chambers J.R., et al., A brief diet intervention can reduce symptoms of depression in young adults–a randomised controlled trial[J]. PLoS One,2019,14:e0222768.

[54] Gangwisch J.E., Hale L., St–Onge M., et al.High glycemic index and glycemic load diets as risk factors for insomnia: analyses from the Women's Health Initiative[J]. American Journal of Clinical Nutrition, 2020, 111(2): 429–439.

[55] Government of Canada. Nutrition facts tables. [EB/OL].[2019–01–17][2021–07–10]https://www.canada.ca/en/health–canada/services/understanding–food–labels/nutrition–facts–tables.html.

[56] Governo Italiano Ministero dello sviluppo economico.Made in Italy: notificato alla Commissione Ue il sistema di etichettatura ‘NutrInform Battery’. [2020–01–27][2021–01–24][EB/OL]. https://www.mise.gov.it/index.php/it/per–i–media/notizie/2040704–made–in–italy–notificato–alla–commissione–ue–il–sistema–di–etichettatura–nutrinform–battery.

[57] Graca J., Oliveira A., Calheiros M.M., et al. Meat, beyond the plate. Data–driven hypotheses for understanding consumer willingness to adopt a more plant–based diet[J]. Appetite, 2015,90(1):80–90.

[58] Guthrie J.F., Fox J.J., Cleveland L.E., et al. Who uses nutrition labeling, and what effects does label use have on diet quality?[J]. Journal of Nutrition Education, 1995, 27(4):163–172.

[59] Gorton D., Mhurchu C.N., Chen M., et al. Nutrition Labels: A Survey of Use, Understanding and Preferences among Ethnically Diverse Shoppers in New Zealand [J]. Public Health Nutrition: 2008, 12(9): 1359–1365.

[60] Grummon A.H., Hall M.G., Taillie L.S., et al. How should sugar–sweetened beverage health warnings be designed? A randomized experiment[J]. Preventive Medicine, 2019(121)：158–166.

[61] Guiding Stars Licensing Company. Guiding Stars.[EB/OL].[2021–05–11][2021–07–02]https://guidingstars.com/.

[62] Hawley K.L., Roberto C.A., Bragg M.A., et al. The science on front-of-package food labels.[J]. Public Health Nutrition, 2013, 16(3)： 430-439.

[63] Health Promotion Board.Healthy Meals in Schools Programme Guidelines[EB/OL]. [2019-05-30][2021-02-16]. https://www.hpb.gov.sg/food-beverage/healthier-choice-symbol.

[64] Healthy Foods and Dining Department, Obesity Prevention Management Division. Healthier Choice Symbol Nutrient Guidelines[EB/OL]. [2018-01-20][2021-02-16]. https://www.hpb.gov.sg/food-beverage/healthier-choice-symbol.

[65] Health Star Rating System.HSR system changes-2020[EB/OL]. [2020-12-08][2021-02-17]http://healthstarrating.gov.au/internet/healthstarrating/publishing.nsf/Content/HSR-system-changes2020.

[66] Hoevenaars FPM., Esser D., Schutte S., et al. Whole Grain Wheat Consumption Affects Postprandial Inflammatory Response in a Randomized Controlled Trial in Overweight and Obese Adults with Mild Hypercholesterolemia in the Graandioos Study[J].Journal of Nutrition. 2019, 149(12):2133-2144.

[67] HPB (Health Promotion Board). Healthier Choice Symbol [EB/OL]. [1998-05-31][2021-05-24]. http://www.hpb.gov.sg/hpb/default.asp?pg_id=1559.

[68] Hobin E., Bollinger B., Sacco J., et al. Consumers' response to an on-shelf nutrition labelling system in supermarkets: Evidence to inform policy and practice[J]. Milbank Quarterly, 2017, 95(3): 494-534.

[69] Huang L., Mehta K., Wong M. L. Television food advertising in Singapore: the nature and extent of children's exposure[J]. Health Promotion International, 2012,27(2): 187 - 196.

[70] Hunt J.R. Moving Toward a Plant-based Diet: Are Iron and Zinc at Risk?[J]. Nutrition Reviews, 2002, 60(5):127-134.

[71] Hu Y., Ding M., Sampson L., et al. Intake of whole grain foods and risk of type 2 diabetes: results from three prospective cohort studies [J].BMJ,2020: 370: m2206.

[72] Institute of Grocery Distribution.Nutrition Labelling-the Consumers' Choice[EB/OL]. [2004-11-15][2021-02-02].www.igd.com/cir.asp?cirid=1303&search=1.

[73] Institute of Medicine. Examination of Front-of-Pack Nutrition Rating Systems and Symbols: Phase 1 Report [R]. Washington, DC： The National Academies Press, 2010.

[74] Jegtvig S., How Smart is the Smart Choices Program? [EB/OL].[2009-9-7][2021-3-27].http://nutrition.about.com/b/2009/09/07/how-smart-is-the-smart-choices-program.htm.

[75] Jenkins D.J.A., Kendall C.W.C., Marchie A., et al. The Garden of Eden--plant based diets, the genetic drive to conserve cholesterol and its implications for heart disease in the 21st century.[J]. Comparative Biochemistry & Physiology Part A Molecular & Integrative Physiology, 2003, 136(1):141-151.

[76] Johnson R.K., Lichtenstein A. H., Kris-Etherton P.M., et al. Enhanced and Updated American Heart Association Heart-Check Front-of-Package Symbol: Efforts to Help Consumers Identify Healthier Food Choices[J].Journal of the Academy of Nutrition and Dietetics, 2015, 115(6): 876-880, 882-884.

[77] Julia C., Méjean C., Péneau S., et al. The 5-CNL Front-of-Pack Nutrition Label Appears an Effective Tool to Achieve Food Substitutions towards Healthier Diets across Dietary Profiles[J]. Plos One, 2016, 11(6):e0157545.

[78] Kahleova H.， Levin S., Barnard N. Cardio-Metabolic Benefits of Plant-Based Diets[J]. Nutrients, 2017, 9(8):848.

[79] Kanter R., Reyes M., Vandevijvere S., et al. Anticipatory effects of the implementation of the Chilean Law of Food Labeling and Advertising on food and beverage product reformulation[J]. Obesity Reviews, 2019, 20(S2):129-140.

[80] Kasapila W., Shaarani S.M.Legislation-Impact and Trends in Nutrition Labeling: A Global Overview[J]. Critical Reviews in Food Science & Nutrition, 2016(56):56-64.

[81] Kulyukin V., Zaman T., Andhavarapu S. K. Effective nutrition label use on smartphones[C].The 2014 International Conference on Internet Computing and Big Data, Las Vegas, NV, USA, 2014.

[82] Kreuter M.W., Brennan L.K., Scharff D.P., et al. Do nutrition label readers eat healthier diets? Behavioral correlates of adults' use of food labels.[J]. American Journal of Preventive Medicine, 1997, 13(4):277–283.

[83] Lagoe C.The NuVal Nutritional Scoring System: An Application of the Theory of Reasoned Action to Explain Purchasing Behaviors of Health–Promoting Products[C]. National Conference on Health Communication, Marketing and Media 2010 Centers for Disease Control and Prevention,2010.

[84] Lea E.J., Crawford D., Worsley A. Consumers' readiness to eat a plant–based diet[J]. European Journal of Clinical Nutrition, 2006, 60(3):342–351.

[85] Lichtenstein A.H., Carson J.S., Johnson R.K., et al. Food–intake patterns assessed by using front–of–pack labeling program criteria associated with better diet quality and lower cardiometabolic risk[J]. American Journal of Clinical Nutrition,2014(99): 454–462.

[86] Lucas J.W., Schiller J.S., Benson V. Summary health statistics for u.s. Adults: national health interview survey, 2011.[J]. Vital Health Stat, 2012, 260(218):1–153.

[87] Lupton R. J., Balentine D. A., Black R. M., et al. The Smart Choices front–of–package nutrition labeling program: rationale and development of the nutrition criteria[J]. The American Journal of Clinical Nutrition, 2010;91(suppl):1078S – 1089S.

[88] Mandle J., Tugendhaft A., Michalow J., et al. Nutrition labelling: A review of research on consumer and industry response in the global South[J]. Global Health Action, 2015(8):25912.

[89] Marinangeli C.P.F., Harding S.V., Glenn A. J., et al., Destigmatizing Carbohydrate with Food Labeling: The Use of Non–Mandatory Labelling to Highlight Quality Carbohydrate Foods[J]. Nutrients 2020, 12(6):1725.

[90] Marla. “Smart Choices Program” Really not so smart, family fresh

cooking[EB/OL].[2009-10-16][2021-3-27].http://www.familyfreshcooking.com/blog/2009/10/16/smart-choices-program really-not-so-smart.

[91] Mazzù M.F., Romani S., Gambicorti A., Effects on consumers' subjective understanding of a new front-of-pack nutritional label: a study on Italian consumers[J].International Journal of Food Sciences and Nutrition,2020(1):1-10.

[92] Mazzù M.F., Romani S., Baccelloni A., et al. A cross-country experimental study on consumers' subjective understanding and liking on front-of-pack nutrition labels[J]. International Journal of Food Sciences and Nutrition, 2021, https://doi.org/10.1080/09637486.2021.1873918.

[93] Meléndez-Illanes L., Cortés S.O., Sáez-Carrillo K., et al. Actitudes de madres de preescolares ante la implementación de la ley de etiquetado nutricional en Chile[J]. Archivos Latinoamericanos de Nutrición, 2019, 69(3):165-173.

[94] Melo G., Zhen C., Colson G., et al. Does point-of-sale nutrition information improve the nutritional quality of food choices?[J]. Economics & Human Biology, 2019(35):133-143.

[95] Mhurchu C. N., Eyles H., Jiang Y.,et al.Do nutrition labels influence healthier food choices? Analysis of label viewing behaviour and subsequent food purchases in a labelling intervention trial[J]. Appetite, 2018(121):360 - 365.

[96] Michael R. Taylor.Smart Choices Program[EB/OL].[2009-8-19].[2021-3-27]. http://www.fda.gov/Food/Labeling Nutrition/LabelClaims/ucm180146.htm.

[97] Miller L.M.S., Cassady D.L., Beckett L.A., et al. Misunderstanding of Front-Of-Package Nutrition Information on US Food Products[J]. PLoS ONE, 2015, 10(4):e0125306.

[98] Mpconsulting.Health Star Rating System Five Year Review Report[EB/OL].[2019-02-20]. [2021-2-16]. http://healthstarrating.gov.au

[99] Muller L., Ruffieux B. Shopper's behavioural responses to 'front-of-pack' nutrition logo formats: GDA Diet-Logo vs. 6 alternative Choice-Logos[D]. Working

Papers, 2020.

[100] Murphy M.M., Schmier J.K. Cardiovascular Healthcare Cost Savings Associated with Increased Whole Grains Consumption among Adults in the United States[J].Nutrients 2020, 12(8), 2323.

[101] Nestle M., FDA to Research Food Labels, Food Politics[EB/OL]. [2009–09–07][2021–3–27]http://www.foodpolitics.com/2009/09/fda–to–research–food–labels.

[102] Newby P.K. Plant foods and plant–based diets: protective against childhood obesity?[J]. American Journal of Clinical Nutrition, 2009(5):1572S.

[103] Nordic Council of Ministers. The Keyhole: Healthy choices made easy[EB/OL]. [2012–02–10][2021–02–16].http://www.norden.org.

[104] NuVal, LLC. NuVal Attributes Program[EB/OL]. [2020–05–08][2021–02–07]. http://www.nuval.com/.

[105] Oldways Whole Grains Council. Whole Grain Stamp[EB/OL]. [2020–09–25][2020–11–21]. https://wholegrainscouncil.org/whole–grain–stamp.

[106] Patino S., Carriedo N., Tolentino–Mayo L., et al. Front–of–pack warning labels are preferred by parents with low education level in four Latin American countries[J]. World Nutrition, 2019, 10(4):11–26.

[107] Pauline D., Méjean Caroline, Chantal J., et al. Objective Understanding of Front–of–Package Nutrition Labels among Nutritionally At–Risk Individuals[J]. Nutrients, 2015a, 7(8):7106–7125.

[108] Pauline D., M é jean Caroline, Chantal J., et al. Effectiveness of Front–Of–Pack Nutrition Labels in French Adults: Results from the NutriNet–Santé Cohort Study[J]. PLoS ONE, 2015b, 10(10): e0140898.

[109] Piccoli G.B., Clari R., Vigotti F.N., et al. Vegan–vegetarian diets in pregnancy: danger or panacea? A systematic narrative review. BJOG, 2015(122): 623–633.

[110] Pohjolainen P., Vinnari M., Jokinen P. Consumers' perceived barriers to

following a plant-based diet[J]. British Food Journal, 2015, 117(3):1150–1167.

[111] Popkin B.M., Hawkes C. Sweetening of the global diet, particularly beverages: patterns, trends, and policy responses[J]. Lancet Diabetes Endocrinol, 2016(4):174–186.

[112] Rahkovsky I., Lin B. H., Lin C., et al. Effects of the guiding stars program on purchases of ready-to-eat cereals with different nutritional attributes[J]. Food Policy, 2013(43): 100–107.

[113] Rao V., Al-Weshahy A. Plant-based diets and control of lipids and coronary heart disease risk[J]. Current Atherosclerosis Reports, 2008, 10(6):478–485.

[114] Roodenburg A. J.C., Popkin B. M., Seidell J. C. Development of international criteria for a front of package food labelling system: the International Choices Programme[J]. European Journal of Clinical Nutrition, 2011, 65(11):1190–1200.

[115] Rosado J.L, Margarita D., Karla G., et al. The addition of milk or yogurt to a plant-based diet increases zinc bioavailability but does not affect iron bioavailability in women.[J]. Journal of Nutrition, 2005(3):465–468.

[116] Royal Thai Government.Proclamation No. 374 issued by the Ministry of Public Health of Thai.[EB/OL].[2016-04-26][2021-02-01]http://www.thaigov.go.th/

[117] Sabaté J., Soret S. Sustainability of plant-based diets: back to the future[J]. The American Journal of Clinical Nutrition, 2014(suppl1):476S–482S.

[118] Sacks G., Rayner M., Swinburn B.Impact of Front-of-pack 'Traffic-light' Nutrition Labelling on Consumer Food Purchases in the UK[J]. Health Promotion International, 2009, 24(4): 344–352.

[119] Sanders, T.A. The nutritional adequacy of plant-based diets [J]. The Proceedings of the Nutrition Society, 1999, 58(2): 265–269.

[120] Sarda B., Julia C., Serry A., et al., Appropriation of the Front-of-Pack Nutrition Label Nutri-Score across the French Population: Evolution of Awareness, Support, and Purchasing Behaviors between 2018 and 2019[J].Nutrients, 2020(12):

2887.

[121] Saxe G. A., Major J.M. Nguye J.Y., et al. Potential attenuation of disease progression in recurrent prostate cancer with plant-based diet and stress reduction.[J]. Integrative Cancer Therapies, 2006, 5(3):206-213.

[122] Schroeter C., Anders S.M. Nutrition Label Usage, Diet Health Behavior, and Information Uncertainty[C]. 2013 Annual Meeting, August 4-6, 2013, Washington, D.C. Agricultural and Applied Economics Association, 2013.

[123] Smart Choices Food Labeling Program. Assumes You' re Stupid, Sincerely Sustainable[EB/OL].[2009-09-07][2021-3-27]. http://www.sincerelysustainable.com/food/smart-choices-food -labeling-progr am-assumes-youre-not.

[124] Smed S., Edenbrandt A.K., Léon Jansen. The effects of voluntary front-of-pack nutrition labels on volume shares of products: the case of the Dutch Choices[J]. Public Health Nutrition, 2019, 22(15):1-12.

[125] Spiller G.A., Miller A., Olivera K., et al. Effects of Plant-Based Diets High in Raw or Roasted Almonds, or Roasted Almond Butter on Serum Lipoproteins in Humans[J]. Journal of the American College of Nutrition, 2003, 22(3):195-200.

[126] State of Connecticut.Attorney General Announces All Food Manufacturers Agree to Drop Smart Choices Logo, ‖ press release, Connecticut Attorney General' s Office, (October 29). [EB/OL]. [2009-10-29][2021-3-27].http://www.ct.gov/ ag/ cwp/ view. asp? A= 2341&Q=449882.

[127] Sutherland L. A., Kaley L. A., Leslie F. Guiding stars: The effect of a nutrition navigation program on consumer purchases at the supermarket[J]. American Journal Clinical Nutrtion, 2010, 91(4): 1090S-1094S.

[128] Suthers R., Broom M., Beck E.Key Characteristics of Public Health Interventions Aimed at Increasing Whole Grain Intake: A Systematic Review [J]. Journal of Nutrition Education and Behavior,2018,50(8): 813-823.

[129] Tarabella A., Voinea L. Advantages and Limitations of the Front-of-Package (FOP) Labeling Systems in Guiding the Consumers' Healthy Food Choice[J].

Amfiteatru Economic, 2013, 15(33):198–209.

[130] Temple J.L, Johnson K.M., Archer K. Influence of Simplified Nutrition Labeling and Taxation on Laboratory Energy Intake in Adults[J]. Appetite, 2011, 57(1):184–192.

[131] The European Food Information Council. Making sense of Guideline Daily Amounts[EB/OL]. [2007–10–04][2021–02–02]http://www.eufic.org/article/en/artid/Making_sense_of_Guideline_Daily_Amounts/.

[132] The Joint Initiative of the Grocery Manufacturers Association and the Food Marketing Institute. Facts Up Front: Nutrition Facts Panel Simplified [EB/OL]. [2020–05–30][2021–02–17]http://www.factsupfront.org/enadmin/FileUploads/Files/a8020b48–fdde–44bb–9a06–345d63b793f9.pdf.

[133] The National Food Agency's Code of Statutes.Regulations amending the National Food Agency's regulations (SLVFS 2005:9) on the use of a particular symbol[EB/OL].[2015–01–30][2021–02–16].http://www.livsmedelsverket.se/produktion–handel––kontroll/livsmedelsinformation–markning–och–pastaenden/nyckelhalet–foretagsinformation/.

[134] The Swedish Food Administration, the Danish Veterinary and Food Administration, the Norwegian Directorate of Health and the Norwegian Food Safety Authority.Design manual for the Keyhole logo– prepacked food and generic marketing[EB/OL]. [2012–06–25][2021–02–16].http://www.nokkelhullsmerket.no.

[135] Thorndik A.N., Riis J., Sonnenberg L.M., et al. Traffic–Light Labels and Choice Architecture: Promoting Healthy Food Choices[J].American Journal of Preventive Medicine, 2014, 46(2):143–149.

[136] Trapp C., Barnard N., Katcher H. A plant–based diet for type 2 diabetes: scientific support and practical strategies.[J]. Diabetes Educator, 2010, 36(1):33–48.

[137] Turner–McGrievy G.M., Davidson C.R. Wingard E.E., et al. Comparative effectiveness of plant–based diets for weight loss: A randomized controlled trial of five different diets[J]. Nutrition, 2015, 31(2):350–358.

[138] Turner-Mcgrievy G., Harris M. Key Elements of Plant-Based Diets Associated with Reduced Risk of Metabolic Syndrome[J]. Current Diabetes Reports, 2014, 14(9):524.

[139] Tuso P. J., Ismail M.H., Ha B.P.,et al. Nutritional Update for Physicians: Plant-Based Diets[J]. Permanente Journal, 2013, 17(2):61-66.

[140] Unione Industriali Pordenone. Risultati della ricerca. [EB/OL]. [2021-05-05][2021-05-09]https://www.unindustria.pn.it/confindustria/pordenone/gate.nsf/searchpage?openform&db=news;guide;schede;istituzionale;rassegna&query=testo:nutrinform+battery.

[141] U.S. Food& Drug Administration. Using the Nutrition Facts Label and MyPlate to Make Healthier Choices.[EB/OL].[2021-02-12]. [2021-07-12]https://www.fda.gov/food/new-nutrition-facts-label/using-nutrition-facts-label-and-myplate-make-healthier-choices.

[142] U.S. Food & Drug Administration. Changes to the Nutrition Facts Label. [EB/OL].[2021-01-04][2021-02-10].https://www.fda.gov/food/food-labeling-nutrition/changes-nutrition-facts-label.

[143] Vermeer W.M., Steenhuis I.H., Leeuwis F.H., et al. View the label before you view the movie: A field experiment into the impact of Portion size and Guideline Daily Amounts labelling on soft drinks in cinemas[J]. BMC Public Health, 2011(11):438.

[144] Vincent L., Taylor M.K., Ardern C.I. Awareness and Perception of Plant-Based Diets for the Treatment and Management of Type 2 Diabetes in a Community Education Clinic: A Pilot Study[J]. Journal of nutrition and metabolism, 2015:236234.

[145] Vyth E.L., Steenhuis I.H.M., Mallant S.F., et al., A Front-of-Pack Nutrition Logo: A Quantitative and Qualitative Process Evaluation in the Netherlands[J]. Journal of Health Communication, 2009, 14(7): 631-645.

[146] Ware K. M. Are plant-based diets efficacious in lowering total serum cholesterol and low-density lipoprotein levels?[J]. Journal of vascular nursing: official

publication of the Society for Peripheral Vascular Nursing, 2014, 32(2):46–50.

[147] World Health Organization. Global Strategy on Diet, Physical Activity and Health[R]. Geneva: WHO, 2004.

[148] Wright N., Wilson L., Smith M., et al. The BROAD study: A randomised controlled trial using a whole food plant–based diet in the community for obesity, ischaemic heart disease or diabetes[J]. Nutrition & Diabetes, 2017, 7(3):e256.

[149] Woodbury N.J., George V. A. A comparison of the nutritional quality of organic and conventional ready–to–eat breakfast cereals based on NuVal scores[J] Public Health Nutrition–Cab International,2014,17(7):1454–1458.

[150] Yokoyama Y., Levin S.M., Barnard N.D. Association between plant–based diets and plasma lipids: a systematic review and meta–analysis[J]. Nutrition Reviews, 2017, 75(9): 683–698.

[151] Zaman T. Vision based extraction of nutrition information from skewed nutrition labels[D]. Logan: Utah State University, 2016.

附　录

居民植物性饮食调查问卷

受访者：______；联系方式：______；受调查地：________省_______市

调查员：_______；调查日期：_______

尊敬的先生/女士：

您好！为全面了解我国居民对植物性饮食的实践与认知情况，我们设计了此调查问卷。邀请您根据实际情况和真实感受回答问题，在选项前面打“√”或填写您的回答，每问只选一项答案（单选题）。

感谢您的支持与配合，我们将承诺为您保密，相关信息仅用于研究之用。

第一部分　基本信息

1. 您的性别：A. 男　B. 女
2. 您的身高：_____cm
3. 您的体重：______kg
4. 年龄：_____周岁
5. 您所在地：A. 城镇　B. 农村
6. 您的婚姻状况：A. 未婚　B. 已婚　C. 离异　D. 丧偶
7. 您的受教育程度：A. 小学及以下　B. 初中　C. 高中/职专　D. 大学
E. 研究生及以上
8. 您的职业状态：A. 有工作　B. 失业/待业　C. 退休　D. 学生在读

9. 您的家庭年收入（税后）情况：

A. 1万元以下　B. 1万～5万元　C. 5万～10万元　D. 10万～15万元

E. 15万～20万元　F. 20万元以上

第二部分　植物性饮食

植物性饮食区别于纯素食，是指以植物性食物为基础，不含任何动物性食物（肉蛋奶、蜂蜜等）的膳食模式。请结合概念回答问题：

1. 您认为植物性饮食是否健康？A. 是　B. 否　C. 不清楚

2. 您认为植物性饮食是否要大力提倡？A. 是　B. 否　C. 不清楚

3. 如果值得提倡，那么，通过营养标签提醒或者引导居民开展植物性饮食，是否有必要？

A. 有必要　B. 没必要　C. 不清楚

4. 您目前的饮食方式是植物性饮食吗？A. 是　B. 否

如果选择A，请回答如下2个问题：

5. 您选择植物性饮食的原因主要是：

A. 宗教信仰　B. 营养健康　C. 饮食习惯　D. 经济收入有限　E. 其他（请说明：______________________________）

6. 您在植物性饮食中摄入最多的植物性食物是哪类？

A. 细粮　B. 杂粮　C. 薯豆类　D. 蔬菜类　E. 水果类　F. 坚果类　G. 其他（请说明：______________________________）